HISTORIA VETERINARIA

근대 수의학의 역사

HISTORIA VETERINARIA

근대 수의학의 역사

| 천명선 지음 |

KSi 한국학술정보㈜

동물과 인간이 관계를 맺기 시작한 시점을 수의학의 시작으로 삼
자면 수의사(獸醫史)학자들은 끝도 보이지 않는 고대에서부터 화두
를 끄집어 내야 한다. 이런 작업들 속에서 문화와 역사, 고고학의
맛을 살짝 느껴보는 것은 연구자들에게는 쏠쏠한 재미가 아닐 수 없
다. 시대에 따라 변하는 사회 제도와 문화에서 수의사의 모습을 보
면서 수의사의 역할과 지위, 사회적 요구들에 대해 한번쯤 생각해보
는 것도 의미 있는 일이다. 하지만 이런 즐거움이 소수의 연구자들
에게만 국한된 것은 물론 아니다. 정신 없이 교과목을 이수해야 하
는 수의과대학 학생들이나 대학원 과정에서 전문 연구자로서 수련을
받는 이들에게도 내가 몸담고 있는 이 직업이 변화해온 모습과 미래
의 비전을 보여주는 것은 어쩌면 꼭 필요한 일이 아닐까.

수의예과 학생들을 대상으로 4년 남짓 '수의학의 역사' 강의를 해
오면서 강의노트 하나 마련하는 것이 작은 소망이었다. '근대 수의
학의 역사(Veterinary History)'는 저자가 2005년부터 '대한수의사회
지'에 연재했던 에세이와 '수의학의 역사' 강의자료를 약간 보완하고
정리한 것이다. 안타깝게도 저작권 문제로 참고가 될 만한 화보를

많이 싣지는 못했다. 이 책은 그 범위가 고대부터 근대 수의학의 시작까지만 한정되어 있다. 근대 이후의 수의학의 발전에 대해서는 좀 더 구체적인 사례와 과학적인 연구를 통해 보충해 나갈 생각이다. 또한 개론서로 수의학의 흐름을 정리했기 때문에 수의학의 세분야별로 심도 깊은 접근은 다음 기회로 미뤄두었다. 아직 우리나라 수의학사 분야에는 연구자료가 많이 부족하다. 다만, 최근 수의사회와 각 대학을 중심으로 근대 이후의 수의학사가 재정리되고 있는 점은 희망적이라 하겠다. 이 책의 한국수의사 부분은 대한수의사회 수의역사편찬위원회 자료에 많이 기대고 있다. 마지막으로, 근대 한국수의학사 부분에 도움을 주신 서울대 양일석 교수님, 신광순 교수님, BK21 수의과학연구인력양성사업단 류판동 단장님, 그리고 수의학사 강의의 기회를 주신 충북대 강종구 교수님께 깊은 감사를 표한다.

2008년 5월 천명선

3 고대에서 중세로 수의학의 발전 / 47

4　중세에서 근대로 수의학의 학문으로서의 발전 / 83

제 1 장

동물의 가축화 – 인간, 동물을 만나다

1) 동물의 가축화, 동물을 돌보는 행위의 시작

고생물의 화석에서 발견되는 화석의 증거들로만 보더라도 질병의
역사가 시작된 것은 의심할 나위 없이 인류의 시작, 아니 생명의 시
작과 더불어라고 말할 수 있다. 고인류 역시 결핵, 소아마비 등의
질병에 시달렸으며, 충치나 관절염, 소화기 및 호흡기 감염에 노출되
었었다는 사실이 이미 전문가들을 통해 확인되었다. 다른 포유동물
에서도 그 상황은 다르지 않은데, 그 한 예로 홍적세 중기부터 후기
에 걸친 빙하기에 살았던 매머드의 위턱뼈에서 발견된 방선균류
(Actinomycete)에 의한 골막염, 빙하기 이후의 말의 치아에서 나온
카리에스의 흔적을 들 수 있다. 질병이 있었다면 이를 치료하거나
예방하기 위한 시도 역시 함께 시작되었을 것이다. 동물에 대한 치
료 행위 역시 마찬가지다. 네안데르탈인의 유적인 프랑스의 뜨로와
프레르(Le Trois Frère)의 동굴에서 이곳에 떨어진 것으로 추정되는
순록의 뼈가 발견되었다. 이 순록의 아래턱뼈는 골절로 인한 심한
골수염의 흔적이 있었다. 그러나 골절이 치유되고 있었던 상태인 것
을 감안할 때, 이 상처는 적어도 두 달 정도 된 것이라고 한다. 누
군가에 의해 보살핌을 받지 않았다면 자연 상태에서는 결코 살아남

을 수 없는 기간이다. 그렇다면 이 동물이 선사시대 사람들에 의해 어떤 형태의 보살핌을 받은 것을 아닐까 하는 의문이 제기된다.

무엇보다도 수의학사에서 가장 중요한 역사의 시점은 인류가 농경과 축산이라는 형태를 통해 정착하는 인류 역사상 가장 큰 사건, 이른바 '신석기 혁명'이 일어났던 지금으로부터 만년 정도 이전의 시기이다. 물론 동물과 인간의 밀접한 관계는 신석기 이전에도 그 흔적을 찾아볼 수 있다. 프랑스의 라스코 동굴 벽화에는 다양한 동물들이 묘사되어 있다. 이런 묘사는 많은 사냥감을 위한 기원의 의미라거나, 어린 세대를 위한 교육용, 또 인간의 순수한 예술행위 그 자체로 해석되기도 한다. 이 유적들은 문서기록이 없는 선사시대의 동물과 인간의 관계에 대한 중요한 자료이다. 그러나 인류가 언제부터 동물들을 돌보고 이들을 건강하게 유지하고자 노력하기 시작하였는가, 즉 축산과 수의의 시작을 논하기 위해서는 언제부터 인류가 야생동물을 '가축'이라는 개념을 가지고 선택하고 길들였는가를 알아야 한다. 이 의문에 대한 답을 얻기 위해 동물의 뼈와 치아의 크기의 변화, 사지 골격의 형태, 두개골의 크기, 뿔의 형태 등 가축화와 더불어 일어나 모든 변화들이 자세히 조사된다. 이 이외에도 암석에 그려진 동물의 그림, 동물의 미이라 등도 역시 연구의 대상이다. 이런 연구는 '동물고고학(Zooarchaeology)'이라는 분야의 학문을 통해서 이루어진다. 또 '동물학적 가축화 연구(zoological domestication research)'를 통해 동물이 가축화를 통해 어떤 행태와 신체적 능력 등의 변화를 겪었는지 야생동물과 가축화된 동물을 비교하기도 한다. 가축화(domestication)는 인간과 동물의 관계에 있어 새로운 패러다임을 열어주었다. 인간의 관심은 동물을 '어떻게 잡느냐 혹은 죽이느냐'에서 '어떻게 관리하고 살게 하느냐'로 옮겨가게 된다. 야생 상태에서는 살아남을 기회를 갖지 못했던 선천적 기형을 지닌 동물들이 인간의 보호 속에서 생존하고 번식할 수도 있으며 인간의 필요와 기호에 따라 크기, 털 색, 유량이나 지방의 양 같은 생리적인 특성마저도 영향을 받았다. 수컷 가축들은 좋은 고기를 위해 또 다루기 편하도록 거세를 당했다. 한편, 동물들은 자연 상태에서 이탈되어 갇혀 지내게 되고 이로 인해 생길 수 있는 영양부족이나 자연생태에서는 가질 수 없었던 질병들을 경험하게 된다. 인간이 가축과 함께 살아가면서 그동안 경험하지 못했던 새로운 병원체(인수공통전염병)와 맞서게 되는 것도 큰 변화라고 말할 수 있다.

2) 최초로 가축화된 동물, 개

동물들의 가축화 시점이 모두 정확하게 밝혀진 것은 아니지만 가장 오래된 가축으로 '개'를 꼽는 것에 이의를 제기하는 학자는 없다. 기원전 약 14000년 전의 크로마뇽인의 무덤유적에서 이미 사람과 함께 매장된 늑대(개)의 유골이 발견된다. 이런 증거로 미루어 사냥에 쓰이는 개의 가축화는 이미 구석기시대에 이루어진 것으로 추측된다. 최근 비슷한 시기에 개의 기원을 동아시아에서 찾을 수 있다는 연구가 발표되었지만 아직 논란의 여지는 남아 있다. 이스라엘의 아인 말라하(Ein Mallaha) 지역에서 개와 인간의 긴밀한 관계에 대한 실마리를 주는 유적이 발견되었다. 기원전 만 년에서 만 2천년 정도의 것으로 추측되는 이 유적에서 발견된 한 노인의 무덤에는 5개월 정도된 늑대(개)가 함께 묻혀 있다. 이 강아지뿐만 아니라 같은 유적에서 발견된 성견의 뼈들도 모두 가축화 이후에 발견되는 형태학적 변화들을 뚜렷이 보이고 있다.

그림 1 아인 말라하 유적의 인간과 개의 유골(Davis et. al. 1978)

우리에게 친근한 또 다른 반려동물인 고양이는 언제쯤 인간 사회와 관계를 맺게 되었을까? 몇 해 전 키프로스(Cyprus) 섬의 한 선사시대 무덤 유적에서 함께 매장된 고양이 뼈가 발굴됐다. 토착종 야생고양이가 없는 이 섬에서 고양이 뼈가 발견되었다는 것은 사람이 이 동물을 '유입'했다는 것을 의미한다. 동물고고학적으로 이 고양이 뼈는 가축화된 동물과 야생동물의 특징을 함께 가지고 있는데, 이는 또한 당시에 고양이가 가축화되는 바로 그 시점에 있었음을 알려주는 증거이다. 이 유적이 약 9500년 전의 것으로 추측되는 만큼 사람과 고양이의 관계는 우리가 생각했던 것보다 훨씬 오래전에 시작했을 수도 있다.

3) 산업동물의 가축화

개의 가축화가 인간의 생활을 송두리째 바꿔놓을 만큼 큰 영향을 미친 것은 물론 아니다. 그 이후 경작과 식용으로 이용되는 동물의 가축화를 통해 인간의 생활을 크게 달라진다. 이런 '신석기 혁명'의 증거들은 화려한 도시문명의 발상지이자 현재는 분쟁이 끊이지 않는 메소포타미아의 '비옥한 초생달'지역에서 주로 발견된다. 학자들은 오래전부터 메소포타미아 남부 지역을 중심으로 최초로 가축화된 산업동물들의 흔적을 찾기 위해 노력해왔다. 조사 연구를 통해서 양은 약 기원전 8500년경에, 염소와 돼지는 8500년에서 8000년 사이 그리고 소는 약 기원전 8000년경에 가축화된 것으로 보고 있다. 그 이후 주변으로 퍼져나갔을 것으로 추측하지만, 어떤 경로로 어떻게 전파되었는지는 아직 정확하게 밝혀지지 않았다. 말의 가축화 시기는 다른 가축들에 비해 약간 늦은 것으로 알려져 있다. 그러나 최근 중국을 비롯한 다른 지역에서도 메소포타미아와 비슷하거나 더 앞선 시기로 추정되는 가축화의 흔적들이 밝혀지고 있기 때문에 가축화의 정확한 시기와 장소를 파악하기 위해서는 더 많은 연구가 필요하다고 하겠다.

4) 우리나라 선사시대의 가축

그림 2 반구대 암각화(국립경주박물관, 복사본, 천명선)

신석기 말기나 청동기 즈음의 것으로 추정되는 울산 '반구대 암각화'는 동물을 사냥하는 모습, 물고기를 잡는 모습과 더불어 울타리나 새끼를 밴 동물의 모습이 그려져 있다. 전형적인 '가축' 사육의 광경이다. 한반도 내에서 동물이 실제로 '가축화'되었는지, 아니면 가축화된 형태로 중국이나 중앙아시아 초원을 통해 전해졌는지, 또한 그 시기가 언제였는지는 확실하지는 않다. 다만 중국에서 가축화된 동물이 유적으로 발굴되는 시기에 한반도에도 가축화된 동물이 존재했을 것이라는 막연한 추측만 할 뿐이다. 우리나라에서도 최근 최소 기원전 4000년 것으로 짐작되는 가축화된 개의 유골이 서해안 지역 패총에서 발견되었다는 문화재청의 보고가 있었다. 이 개의 유골은 식용으로 사냥된 것이 아니라 사육된 것으로써의 특징을 갖추고 있다. 한반도의 수렵시대에도 이미 개가 인간 사회와 긴밀한 연관을 맺고 있었다는 또 다른 증거라 하겠다.

제 2 장

고대 수의학과 직업 수의사의 출현

1. 이집트의 고대 수의학

1) 이집트의 제사장 의사

미라를 만들었던 이집트 인들이 높은 해부학적 지식을 가졌을 것이라는 추측과는 달리 이들의 인체해부학적 지식은 동물 해부에서 비롯된 것이다. 미라를 만든 사람들은 당시 의사였던 제사장 계급이 아니라 계층이 다른 하층민이어서 이 해부학적 지식이 의술에 직접 영향을 미치지 못했다는 것이다. 실제로 사람의 장기를 나타내는 이집트 상형문자를 살펴보면 심장은 소의 심장을 자궁은 개나 소의 자궁을 본떴다. 당시의 의학이 아직은 이른바 '죄로서의 질병', '주문을 통한 치료' 등 원시 의학에서 완전히 벗어나지는 못했지만 최고 엘리트 계급이었던 제사장들의 의학 수준은 무시하지 못할 수준에 올라 있었다. 이집트 인들은 생명체는 물, 흙, 불, 공기의 네 가지 원소로 구성된다고 여기고 32개의 도관(metu)으로 각 장기들이 연결됐다고 생각했다. 영혼의 집인 심장은 가장 중요한 장기였다. 모든 생체 기능은 자연현상과 비교할 수 있어, 맥박은 나일강의 조수와 그리고 도관은 강의 네트워크와 같은 것이라고 이해했다. 람세스 2세(1301~1234 BC) 이후 이집트의 왕성한 의학과 과학문화는 이집트

왕국의 몰락과 함께 쇠락의 길을 걷게 되지만, 이후 의학과 수의학의 역사에 많은 영향을 미쳤다.

제사의 제물로 쓸 동물을 끌어오고, 희생시키고 해체하는 일련의 과정이 자세히 묘사되어 있는 이집트 피라미드 벽화를 보면, 발이 묶여 제사장까지 끌려온 제물-대개는 소-은 정해진 과정에 따라 제사에 바쳐진다. 제사를 주관하는 제사장은 사발에 그 동물의 피를 받거나 혹은 피에 젖은 손의 냄새를 맡고 이렇게 말한다.

"이 피를 보라, 이는 깨끗한 피이다"

물론 이 행위 자체를 현대적 의미의 식육검사라고 말할 수는 없지만 탄저병과 같이 치명적인 전염병 중에 혈액에 영향을 미치는 경우가 있음을 고려하면, 이 과정을 원시적 형태의 식육 검사라고 볼 수 있다. 이 단순한 식육검사를 행한 사람은 수의사가 아니라 의사의 역할을 했던 제사장이다. 동물을 돌보는 직업 수의사가 고대 이집트에 존재했다는 증거는 없다. 태양신을 숭배했던 이집트의 종교에서 제사장들은 의술에 종사했으며 의학지식을 전수했다. 당시의 신학교는 천문학, 법학, 의학을 교육하고 연구하는 기관의 역할도 담당했다. 지식과 학술을 숭상했던 이집트 인들에게 신이 내려준 지식을 연마하지 않는 것, 즉 '무지란 죽음과도 같은 것'이었다. 제사장의 한 범주였던 파스토포레스(Pastophores)가 신성한 동물을 돌보고 아픈 동물들을 치료했을 것으로 추측된다. 이들은 동물 질병과 치료법을 비밀문서에 기록하고 이를 전수했던 것 같다. 제사장들의 기록 언어인 상형문자로 기록된 이 문서들은 분명 농촌에서 가축을 다루던 일반 사람들을 위한 것은 아니다.

2) 세계 최초의 수의학 문서 엘 라훈 파피루스

최초의 수의학 문서인 카훈 파피루스(El-Lahun, Kahun은 잘못된 표기)는 고대이집트 중왕조, 기원전 1850년경의 것인데, 이는 가장 오래된 수의학 관련 문서로 의학 파피루스들보다도 오래된 것이다. 1889년 윌리엄 매튜 플린더스 페트리(Sir William Matthew Flinders Petrie, 1853~1942)가 엘 라훈의 촌락 유적 발굴 중 조각난 상태의 이 파피루스를 처음으로 발견했다. 이 파피루스는 환축으로 거위, 개, 소를 언급하고 있는데 가장 잘 보존된 부분은 소의 질병에 관한 부분이다. 이 파피루스는 물고기도 언급하고 있기는 하지만 물고기가 정말 가축이었는지는 또는 물고기에서 어떤 질병을 다루고 있는지 밝혀지지는 않았다. 당시 이집트 어떤 지역에서는 몇몇 물고기 종류를 성스럽게 여겼다. 이집트 문자들이 많은 학자들의 노력에 의해 밝혀지고 연구되었음에도 불구하고 여전히 오늘날에도 이 파피루스가 언급하고 있는 질병을 파악하는 일은 쉬운 일은 아니다. 내용을 살펴보면 여러 단계에 걸친 진단에서 볼 수 있는 임상진료체계는 현대 수의학에서와 크게 다르지 않다. 즉 '환자의 망진과 촉진'을 통해서, 한 질병을 유추해 내고 진단'을 내린 후, '적절한 치료 방법'을 제시한다.

PLATE VII.

VETERINARY PAPYRUS.

KAHUN, LV. 2.

[Pl. VII.]

Found at Kahun, November, 1889. A long narrow sheet. Length, 23¼ inches = 58·5 cm., besides fragments. Width, 5¾ in. = 14·5 cm. There is a junction of two leaves at 20 in. = 50·5 cm. from the right-hand edge.

Recto.—A text relating to the treatment of diseases (of the eye?) in animals, written in black and red, in vertical columns with horizontal titles above. The papyrus is ruled with black lines dividing and enclosing the writing, which is linear hieroglyphic; and the order of the columns is from left to right, while the characters themselves and the groups face the usual way.[1]

Verso.—Blank.

This papyrus is unique, no other veterinary papyrus being known.

The long strip pieced together, ll. 19-69 (to which the fragment L seems also to belong), gives 48 columns and 3 horizontal headings,

the first of which is imperfect. These headings are as follows :

1. [Treatment for the eyes (?) of a .... with] a nest of a worm.
2. Treatment for the eyes (?) of a bull with *neft* (wind or cold?).
3. Treatment for the eyes (?) of a bull with *ushau* in winter.

The position of the rest of the fragments will probably never be known; they would seem on close examination to come from different leaves : probably the papyrus was of great length. The fraying of the top edge towards the left-hand end of the main fragment is slightly in favour of placing the frayed fragments, E, A, B, H, K, D, at that end; but this is very doubtful.

L seems to contain the end of a repetition of the first title of the main fragment, and should therefore be placed with it.

H, the fifth and sixth lines of which are completed by C, refers to some quadruped, perhaps a dog, which appears again on D; to these fragments K possibly belongs, and all may be placed conjecturally near the beginning of the main portion.

A has two titles, (1) .... *m* ...... (?); (2) Treatment for the eyes (?) of a fish. Under this latter should be placed the obscure fragment E (in the autotype plate), on which the figure of a fish is discernible.

B has one title : Treatment for the eyes (?) of a bird in ....

F, G, and I are of no importance.

---

[1] This was the usual plan in the case of linear hieroglyphics in columns, but not in columns of hieratic. The former script was used chiefly for religious works, and it seems probable that in very ancient times the hand of the writer was allowed to rest on the papyrus, and thus a right-handed scribe would have smudged the lower parts of the columns if they succeeded each other from right to left. Subsequently the scribe wrote free-handed, with the action of a painter, and avoided this difficulty ; nevertheless, in religious and other formal writing he retained the old custom of proceeding from left to right. Except in monumental writing, the characters themselves, and the groups, still faced the usual way, because it was difficult to reverse them.

그림 3 최초의 수의학 파피루스에 대한 논문(F. *Griffith, 1898*)

a. Translation of the Small Fragments.

Group 1, A (transcr. pl.) and E (autotype pl.) Refers to fish; see above.

Group 2, B (transcr. pl.). Refers to birds; see above.

Group 3, C, H. Refers to a quadruped:
(5) Its eyes are open (6) .... in its ...., its foot is (7) .... its (other?) foot, there is no standing upon (?) (8) them: the odour of its breath is like (9) the *amamu*; sees (10) .... *animal* (11) .... pricking.

Group 4, D and L (?):
(12) of its teeth bind round .... (13) ...... (14) faint .... (15) dog having (18) [the nest] of a worm (?).

l. 9. *amamu*, cf. Eb. xci. 10. The determinative is an animal with short legs, tail slanting outwards and downwards, the head unfortunately lost. It may be the ichneumon, or a rat.

l. 10. The animal closely resembles the dog in fragment D, but the tail points downwards.

l. 11. ⌣ 𓊖 | *wš'w*, cf. Eb. Gloss.

The suggested connexion between *ll.* 15 and 18 is of course quite uncertain.

b. Translation of the Long Strip.

Prescription I.

(17) Title: [Treatment for the eyes (?) of a dog with (?)] the nest of a worm.

(Several lines lost.)

(20) .... if when (21) it courses (?) scenting (?) the ground, it falls down, (22) *it should be said " mysterious prostrations '*23) *as to it."* When the incantations have been said *I should thrust* (24) *my hand within its henu, a henu* (25) *of water at my side. When the hand of a man reaches* (26) *to wash the bone of its back,* (27) *the man should wash his hand in the henu of water* (28) *each time that the hand becomes gummed* (?) (29) *until thou hast drawn forth the heat-dried blood, or anything else,* (30) *or the hesa* (?). (31) Thou wilt know that he is cured on the coming of *hesa.* Also (32) keep thy fingers .... (33) ....

l. 17. I do not know whether ○ ○ for 𓂀 stands for *irtï*, "the eyes," or for *mi*, "to see." If the latter is intended the translation is, " Rule for one who sees a dog," &c., and so in each title.

l. 23. There is an extraordinary confusion of persons in this prescription. *st dt*, cf. Eb. lxv. 17, *st '*.

l. 24. *ḥmw* (plural), a new word for a member of the body; connected with " rudder," guides (?).

l. 30. *ḥsi*, gum, i.e. mucus (?).

Prescription II.

(34) Title: Treatment for the eyes (?) of a bull with wind (cold?).

(35) If I see [a bull with] (36) wind, he is with his eyes running, (37) his forehead ? *uden* (wrinkled?) the roots (gums?) (38) of his teeth red, his neck (39) swollen (or raised?): *repeat the incantation for him.* Let him be laid on his side (lit. his one side), (40) let him be sprinkled with cold water, (41) let his eyes and his hoofs (?) (42) and all his body be rubbed with gourds (?) (43) or melons, let him be (44) fumigated (? *ksp*?) with gourds .... (45) wait herdsman .... (46) be soaked .... (47) that it draws in soaking .... until (48) it dissolves into water : let him be rubbed with (49) gourds of cucumbers. Thou shalt gash (?) (50) him upon his nose and his tail, thou shalt say (51) as to it, " he that has a cut either dies (52) with it or lives (53) with it." If he does not recover and he is wrinkled (?) (54) under thy fingers, and blinks (?) his eyes, thou shalt bandage (55) his eyes with linen lighted (56) with fire to stop the running.

l. 35. The restoration 𓈗 𓃭 𓏲 is quite uncertain.

l. 37. For 𓏤𓏤 read perhaps 𓏤 𓏤.

l. 38. Certainly teeth, not horns 𓌜.

l. 51. Cf. 𓎱 𓏜 Eb. xl. 6.

l. 54. *tmtm*, probably one word, cf. perhaps 𓅆 𓅆 𓅆 𓅆 Eb. lxxxix. 7, 8.

2. 고대 수의학과 직업 수의사의 출현   27

한 질병의 예를 들어 보면 다음과 같다.

"콧물을 흘리는 소의 치료법"	—짧은 제목을 통해 다루고 있는 질병을 간단히 명명한다.
"눈은 푹 꺼져 있고 두 관자놀이는 매우 고통스러워 보이고 치근은 붉게 변해 있다.	—진단을 내릴 수 있도록 명확한 증상을 설명한다.
"그러므로 소를 옆으로 눕히고 찬물을 계속 뿌려주며…… **그리고 나서 코와 꼬리에 칼집을 낸다."**	—치료법을 설명하고 있다.
"그리고 나서 소에게 말하라— 이것은 칼집을 낸 소다. 그러면 소는 살 수도 있고 죽을 수도 있다."	—마지막으로 예후로 마감한다.
"네 손가락을 조심하라."	—치료하는 사람이 신중하게 치료에 임해야 한다는 주의를 덧붙인다.

이 파피루스를 살펴보면 주술적인 요소로부터 벗어난 치료방법이 이 당시에도 충분히 이용되었다는 것은 의심할 나위가 없다. 절제수술, 훈증이나 발한, 찬물치료 또는 순환계 자극을 위한 목욕요법 그리고 약초로 문지르기법 등을 이용했다. 코와 꼬리에서의 사혈은 방혈법을 다루고 있는 것이 아니라 특정 피부 부위를 자극하는 것을 의미한다고 보는 편이 옳은데 이 부위에서 혈액이 스며 나왔을 것이다. 불에 달군 질그릇 조각으로 병에 걸린 소의 관자놀이를 압박하는 방법은 면역력을 증강시키는 치료방법으로 중국의학에서의 화침용법을 연상 시킨다.

3) 이집트의 반려동물

이집트의 신들은 그들을 상징하는 신성한 동물과 신격을 공유했다. 세계의 창조자로 추앙받았던 프타(Ptah)신의 성스러운 동물 아피스(Apis)를 비롯하여 자칼(혹은 개)의 머리를 한 아누비스(Anubis), 이비스의 머리를 가진 의술의 신인 토트(Thot), 매의 머리로 형상화되는 호루스(Horus) 등 이집트 신들은 동물과 밀접한 관계가 있다. 특히 풍요와 다산의 신인 바스테트(Bastet)의 상징동물인 고양이는 특별히 신성시되었는데, 피라미드나 일반 무덤에 남겨진 이들의 미라는 후대 과학자들의 좋은 연구자료가 된다. 신성한 동물이 죽으면 사람들은 애도를 표했고 이런 동물들을 학대한 사람은 그 대가를 혹독하게 치러야 했다. 피라미드 벽화나 미라를 보면 개나 고양이는 신의 상징으로 신성하게 여겨진 것은 물론이거니와 반려동물로도 사랑을 받았다.

그림 4 아피스(좌)와 바스테트(우)(로마 팔라틴박물관, 천명선)

이집트에서 반려동물들은 자신만의 이름으로 불리기도 했다. 이는 반려동물들이 특별한 관심과 애정을 누렸다는 의미이다. 피라미드 벽화를 보면 이집트인들은 주로 고양이와 소형종 개들을 선호했던 것으로 보이며 그레이 하운드 같은 대형종들은 사냥에 이용되었다. 또한 남부에서 수입된 원숭이 역시 사랑받는 반려동물 중 하나였다.

2. 소 의사, 당나귀 의사
─ 메소포타미아의 직업 수의사들

1) 함무라비 법전의 수의 진료에 관한 조항

고대 바빌로니아 함무라비왕(Hammurabi, BC 1792~1750)의 이름을 딴 세계 최초의 성문법전인 함무라비법전은 '복수주의'를 표방한 '눈에는 눈, 이에는 이'라는 문구로 유명하다. 매우 엄격한 이 경전은 사람에 대한 의료행위(215조-223조)와 소와 나귀에 대한 의료행위 (224조-225조)에 대해서도 언급하고 있다.

　　224조: "소나 당나귀의 의사가 환축에게 중대한 상처를 만들고(=수술을 해서), 이를 통해 환축이 치료되면, 소나 당나귀의 주인은 의사에게 치료비로 1/6세켈[1]을 지불해야 한다."

---

1) 동물 가격의 1/6이라고 해석한 자료들도 있지만 당나귀의 가격(참고로 당나귀 한 마리의 값은 40세켈)의 1/6은 약 6.7 세켈로 평민의 치료비

225조: "소나 당나귀의 의사가 환축에게 중대한 상처를 만들고(＝수술을 해서), 이를 통해 환축이 죽으면, 의사는 소나 당나귀의 주인에게 동물 가격의 1／4을 지불해야 한다."

그림 5 함무라비 법전

의술에 관한 항목을 살펴보면 더욱 엄격한 조항들도 있어, 수술 중 평민이 죽거나 그 눈을 잃었을 경우 수술한 의사의 손목을 자르며 (218조), 노예의 경우에는 주인에게 그 값을 물어준다(219조). 외과 수술이 아닌 경우 치료가 성공적이었을 때, 의사들은 평민의 치료비로는 5세켈을, 노예의 치료비로는 2세켈을 받았으며(221-223조), 중대

보다도 높은 가격인 셈이므로 여기서는 1／6 세켈이라는 번역 자료를 택했다. 세켈(Shekel)은 바빌로니아의 화폐 단위로 은 약 11g에 해당한다.

한 외과수술의 경우 10세켈을 받았다(215조). 소나 당나귀 의사에게 지불한 돈이 1/6세켈이라면 평민의 의료비에 비해 매우 적은 돈이다. 하지만 기능공의 하루 임금이 1/5세켈이었다는 기록을 참조하면 이들의 진료수가는 높은 편이다. 수의 진료에 대한 이 두 조항은 '소를 고치는 의사, 당나귀를 고치는 의사(A.ZU GUD u lu ANSE)'라는 직업이 언급되었다는 점에서 수의사학(獸醫史學)적으로 중요한 의미를 지닌다. 소와 당나귀는 이 지역에서 매우 중요한 동물이었다. 함무라비왕의 후계자였던 삼수일루나(Samsu-iluna, 1749~1712 B.C.) 시대의 한 법정기록문에 '소의사 (azu gu hia)'의 이름이 기록되어 있다. 이 문서는 잃어버린 소의 반환청구권을 주장하는 고소인의 증인 7명 중 한 명으로 소 의사 '아빌일리수(Abil-ilisu)'를 들고 있는데, 그는 현재까지 알려진 바에 의하면 기록에 남겨진 최초의 수의사이다.

2) 고전 수의학의 주인공 '말'의 등장

함무라비 법전은 상대적으로 중요성이 떨어지는 양이나 염소, 돼지는 언급하고 있지 않다. 이 가축들을 의사에게 보여 치료를 받는 것이 흔한 일이 아니었을 수도 있다. 말 역시 언급되지 않는데, 이는 상류 계층만이 이용했던 이 동물의 특성상 일반인들의 문제를 다룬 함무라비 법전에서 다룰 필요가 없었기 때문일 수도 있다. 말이 가축화된 것은 다른 가축에 비해 늦어, 소아시아 지역에는 B.C. 2000 경 이후 상용화됐다. 처음에는 '외지에서 온 당나귀(Anche Kurra)'라고 불린 것으로 볼 때, 외부에서 가축화된 형태로 이 지역에 유입된 것으로 생각되며, 당시에는 주로 수레를 끄는 동물로 쓰였다. 사람이 말 등에 타기 시작한 것은 기원전 1000년 전후로 추측하지만 정확히 언제부터인지 어느 민족이 먼저 시작했는지는 알 수가 없다. 그 이후로 중세를 거쳐 근세에 이르는 동안 말은 군사용으로 그리고 수송용으로 가장 귀중한 가축으로 자리매김했다.

히타히트인들의 말에 대한 지식을 담고 있는 키쿨리 문서(Kikuli, 1380~1340 B.C.)는 183일의 말 훈련 과정과 과정별 특수 훈련에 대해 설명하고 있다. 이 당시 이미 말에 대한 체계적인 훈련과 사육법이 존재했음을 알게 해 주는 자료이다. 이 자료가 마의학에 대해서 다루고 있지는 않지만 이들의 말 사육에 대한 지식으로 미루어볼 때 상당한 수준의 마의학 지식을 가지고 있었을 것으로 추측된다. 메소포타미아인들의 수의학 지식을 엿볼 수 있게 해 주는 또 다른 자료는 약간 후대의 것으로 추정되는 라스 샴라(Ras Schamra)에서 발굴된 점토판(14.th B.C.)으로 우가리트(Ugarit)어로 쓰였다. 이집트 엘-라훈의 수의학 문서처럼 체계적으로 구성되어 있지는 않지만, 약초로 조제한 약물을 '비강으로(per naris)' 투여하는 방법이 설명되어 있어 눈길을 끈다. 한편 이 시대에 암말과 당나귀 수컷의 잡종인 '노새'가 등장했다. 기원전 12~14 세기 시대의 히타이트 가축 가격표에는 노새의 가격이 말의 두 배로 책정되어 있다. 그러나 어느 시기에 어느 민족이 이 튼튼하지만 번식력이 없는 동물을 처음 이용했는지는 역시 아직 명백하게 밝혀지지 않았다.

3) 치료의 여신 굴라와 개

바빌로니아 인들은 염소나 양의 간을 이용해서 점을 쳤다(hepato-scopy). 점을 치는 이는 간의 엽을 조사해서 그 상태에 따라 미래를 예견했다. 이들은 간이 생명을 유지하는 데 매우 중요한 '피'와 가장 밀접한 관계를 맺고 있는 장기라고 여겼다. 그러므로 간에는 인간의 생명과 감정이 깃들어 있다고 생각했다. 반면에 심장은 인간 '지성'의 중추로 간주됐다. 메소포타미아인들은 상당한 수준의 생물학적 지식을 가지고 있었고, 약초 식물을 광범위하게 병의 치료에 적용시키는 방법을 터득했으며, 전염병 환자를 격리하는 역학적 지식을 가지고 있었다. 그럼에도 불구하고, 이집트에서와 마찬가지로 메소포타미아 지역의 아시리아와 바빌론의 수의학 역시 마술과 종교에서 자유로울 수는 없었다. 고대인들의 질병에 대한 인식은 세계 어느 곳에서나 비슷하다. 메소포타미아 인들도 질병은 '죄'의 대가로 생각했고 치료 과정에서 신의 도움을 받고자 했다. 따라서 병을 치료하기 위해 신에 신성한 제물을 바치는 행위는 일반적이었다. 이런 신들 중 주목을 끄는 신은 치료와 의술의 여신인 '굴라(Gula)'다. 굴라 여신은 생물에 생명을 부여하고 죽은 이들을 부활하게 한다고 여겨졌다. 이 여신의 상징 동물은 '개'로 여신이 치료를 행할 때는 언제나 함께 있는 모습으로 표현되었다. 여신의 신전 유적에서 많은 수의 강아지 무덤이 발견되었는데, 연령으로 볼 때 개 디스템퍼로 여겨지는 유행병에 희생된 어린 강아지들이다. 신전에서 기르던 강아지에

게 전염병이 돌아 한꺼번에 희생당했거나, 강아지들이 치료되기를
비는 주인들은 이들을 신전 가까이로 데려왔다가 결국 이곳에 묻지
않았을까 추측해 본다.

3. 고대 인도의 수의학

1) 코끼리 의학 서적_하스티야유르베다(Hastyāyurveda)

"수의학은 인도의학의 한 특수한 분야로 일찍이 발달했다. 인도의 왕국
들은 말과 코끼리를 위한 병원을 지원했던 것으로 보인다. 동물과 인간 영
혼의 신성불가침에 대한 힌두교 신념과 소와 코끼리의 신성에 대한 믿음으
로 미루어 이 동물들이 어떻게 보살핌을 받았는지 추측해 볼 수 있다. 이런
인도의학의 이런 특별한 분과 중 하나가 바로 하스티야유르베다(Hastyau-
rveda, 코끼리 장수에 관한 과학)이다." (An Introduction to India, Stanley
Wolpert, 1999)

베다(Veda)란 지식을 뜻하는 말로 산스크리트어에 어원을 두고 있
다. 인도 제식문화를 집대성한 책으로 리그베다(Rig Veda), 사마베다
(Sama Veda), 야주르베다(Jadsur Veda), 아타르바베다(Atharva Veda)
를 4대 베다라고 한다. 아유르베다(āyurveda)는 후에 의학서로 편집
된 책으로 브라만시대에 완성되었고 인도 전통의학을 일컫는 용어로
도 쓰인다. 기원후 11세기 이후 이슬람문화의 영향권에 들어가면서
인도의 전통의학은 이슬람-인도 의학인 유나니 의학을 성립시켰다.

전설 속의 인물로 궁정 수의사인 팔라카퍄(Palakapya)가 저술했다고 전해지는 하스티야유르베다(Hastyāyurveda, 코끼리의 장수를 위한 지식)가 정확히 언제 쓰였는지는 알 수 없다. 학자들은 이 책의 형식과 바탕을 이루는 의학 이론으로 미루어 보아, 실제로는 기원후 5세기경에 완성된 형태로 세상에 선보이지 않았을까 추측하고 있다.

인도 고대 의학에서는 3가지 도샤(doṣas) 개념이 중요하다. 도샤는 우주를 이루는 5가지 요소, 즉 공(空, akasha), 바람(風, vayu), 불(火, tejas), 물(水, jala), 흙(土, prthivi)가 몸속에서 세 가지 기본 성분(체질)로 나타나는 것으로 이들의 조화가 정상적인 몸의 상태를 유지하는 데 가장 중요한 요소다. 이들은 바타(vata), 피타(pitta), 카파(kapha) 세 가지인데 여기에 제4요소로 혈액을 포함시킨다. 이들의 균형이 깨어지면 질병이 생겨난다. 하스티야유르베다에는 다음과 같이 그 병리학적 배경을 설명하고 있다.

"(수의사는) 외부의 영향에서 비롯되는 질병과 내부에서 생겨나는 질병을 구분해야 한다. 전자에는 마귀나 신의 영향으로 생겨나는 질병들이 속한다. 내부에서 생겨나는 질병은 심적인 요소나 도샤의 조화가 깨져서 생긴다."

비록 이들의 의학이 발달된 외과 기술에도 불구하고 해부학적인 지식은 뒤떨어졌다는 모순을 가지고 있기는 하지만, 외과시술을 다루고 있는 하스티야유르베다 34개의 장에서 해부학과 생리학, 발생학에 대한 인도인들의 지식을 엿볼 수 있다. 다양한 외상과 치아 질병 등에 대한 치료는 물론 절단 수술 과정도 눈에 띈다. 발을 헛디

떴거나 다른 물체에 의해 혹은 사자나 호랑이, 뱀에 물려 생긴 상처는 불로 달구거나 씻어냈다. 그러나 훨씬 후대의 코끼리 의학 서적에는 이런 외과 시술에 대한 내용이 자취를 감추었다. 힌두교의 교리가 수의학에도 영향을 미친 듯하다. 환자에 몸에 칼을 대는 시술이 보이질 않는다. 18세기에 편찬된 코끼리 사육 및 의학에 관한 총서인 하스티비드야르나바(Hastividyārnava)에는 더 이상 외과시술은 없다. 다만 다양한 약을 이용한 치료는 계속 발전했다. 이런 치료약들은 물론 외용으로도 쓰였고 환부에 약초와 함께 압력을 가하는 방법으로 쓰이기도 했다.

2) 살리호트라, 인도 마의학의 아버지

"인도에서는 꽤 일찍부터 수의학 교육이 발달되었다. 동물은 인간과 마찬가지로 같은 우주의 한 부분으로 여겨졌기 때문에 동물의 생명을 보호하거나 수의학은 별도의 학문으로 분리하고 동물병원과 지정 학자들을 두는 것은 이상한 일이 아니었다. 살리호트라는 말 사육과 마의학에 있어 가장 권위 있고 훌륭한 인물이었다."(Indian and World Civilization, D. P. Singhal, 1969)

팔라카퍄(Palakapya)가 코끼리 의학의 아버지라면 살리호트라(Śāli-hotra)는 전통 인도 마의학을 대표하는 상징적 존재다. 그러나 전설 속의 마의(馬醫)인 그가 언제 사람이었는지 혹은 실존 인물인지조차도 알려져 있지 않다. 다만 그의 이름은 인도 전통 마(의)술(馬醫術)

을 의미하는 살로터(Saloter)라는 단어에도 남아 있다. 전설에 따르면 말은 지상의 동물이 아니었다. 날개를 달고 맘대로 하늘을 날아다닐 수 있었던 말은 질병을 얻을 걱정 같은 건 당연히 없었다. 그런데 살리호트라가 인드라의 명령에 따라 이 말을 화살로 쏘아 떨어뜨리고 날개를 잘라 버렸다. 이에 말은 큰 고통 속에서 슬프게 그의 주위를 돌았다. 이에 불쌍한 마음을 품은 살리호트라는 말이 잘 지낼 수 있도록 모든 것을 해 주겠다고 약속했다. 말이 사람을 위해 봉사해야 한다면 말은 좋은 먹이와 물을 늘 공급받을 것이며 질병을 치료하기 위해 최상의 의술을 제공받는다는 것이다. 고대 인도의 수의사들은 코끼리에서와 마찬가지로 말에서도 많은 질병을 구분하고 그 치료법을 구분했다.

10세기경 복간된 것으로 추측되는 한 산스크리트어 마의학 서적(Aśvacikitsa, 말에 대한 지식)은 역시 또 한 사람의 전설 속의 말 전문가였던 나쿨라(Nakula)를 그 저자로 내세우고 있다. 마의학에서 다루는 치료법은 우선 방혈법을 들 수 있다. 나쿨라 서적에는 방혈할 수 있는 부위를 표시한 그림이 실려 있다. 중국이나 우리나라의 전통의학에서처럼 인도의 전통의학도 다양한 약초를 이용한다. 말 치료에 쓰인 약제들은 대부분 약초들인데 모두 아유르베다에서 쉽게 볼 수 있는 것들이다. 약초는 가루나 탕으로 만들거나 물을 우려내거나, 술에 녹여 투여했다. 연고 형태의 외용제로도 사용되었으며 흡입이나 훈연 등의 투여법도 알려져 있었다.

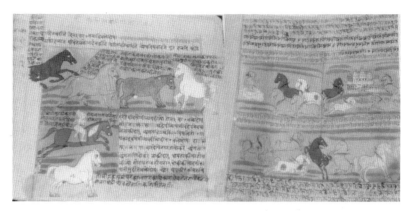

그림 6 16세기경 제작된 살리호트라 사본(*E. Thelen, 2006*)

3) 아소카왕과 동물의료기관

인도 마우리아 왕조의 아소카왕(Asoka, 274~232 B.C.)은 광대한 제국을 세웠으나 끔찍한 전쟁의 결과를 깨닫고 불교의 교리로서 나라를 통치하고자 불교를 국교로 삼았다. 그가 자신의 제국에 세운 14조의 조칙을 새긴 석주에는 동물보호와 동물 치료에 대한 내용이 담겨 있다. 그는 이들 조항을 통해 동물을 죽이지 말고 귀하게 대해 줄 것뿐만이 아니라 사람과 동물 치료를 위한 약초들을 늘 공급할 수 있도록 지시했다. 아소카왕은 또한 사람뿐만 아니라 동물을 치료할 수 있는 병원 시설을 갖추도록 명령했다. 이런 정책이 고대 인도 수의학 발전에 밑거름이 되었음은 충분히 짐작할 수 있는 일이다.

1조. 일찍이 신의 사랑을 받는 자, 피야다시 왕의 부엌에서는 많은 동물들이 매일 같이 고기를 제공하기 위해 죽어갔다. 그러나 다르마(Dharma)에 의거해 이 조항을 쓰고 있는 이 시점에는 단지 두 마리의 공작과 한 마리의 사슴, 이 세 마리의 동물만이 죽임을 당할 것이다. 앞으로는 이 세 동물을 죽이는 일도 없을 것이다.

2조. 사람이나 동물에게 유용한 치료용 약초를 가져다 이것들이 자라지 않던 곳에 심어 자라게 했다. 뿌리와 과일들도 마찬가지였다. 길을 따라 사람과 동물을 위한 우물을 파고 나무를 심도록 했다.

7조. 사람과 동물들이 이용할 수 있도록 우물을 파고 휴양소를 건설하고 많은 곳에 급수원을 만들었다.

4. 중국 고대 문명 속 수의학

1) 전설과 신화에서 의학으로 고대 중국의 수의학

약 3000년 전, 중국 은나라(殷)에서는 거북이 등껍질이나 소의 견갑골에 중요한 결정이나 길흉을 묻는 질문을 쓰고 불에 구워 생긴 구열을 보고 점을 쳤다. 갑골문자는 중국 하남성 지역의 한약방에서 약재로 쓰이는 '용골(龍骨)'에 글자모양이 새겨진 것을 우연히 발견함으로써 20세기 초 세상에 알려졌다. 갑골에 새겨진 글의 내용을 살펴보면 고대 중국인들의 질병에 대한 의식을 엿볼 수 있다. 목,

정수리, 눈, 귀, 코, 혀, 이, 콩팥, 팔꿈치, 무릎, 발, 발가락, 뼈 등 다양한 신체 부위의 질병들과 함께 실어증이나 정신병 증상, 회충 등 기생충에 대한 표현도 눈에 띈다. 그리고 무엇보다도 전염병, 즉 역(疫)에 대해 "전염병이 돌고 있는데 오래가겠는가" 등의 질문을 통해 전형적인 고대 의학의 주술적 특징을 그대로 드러낸다. 이는 당시의 의학이 과학적이거나 체계적이었다기보다 종교의 힘을 빌려 질병을 치료하려는 단계에 머물러 있었음을 보여준다.

생명체를 작은 우주로 보고 큰 우주인 환경과 조화를 통해, 그리고 음과 양의 균형을 통해 건강과 질병 상태를 정의하는 전통 중국 의학은 독특한 체계로 발전되어 한국과 일본에 전해졌으며, 인도 의학과도 영향을 주고받았다. 수의학 이론 역시 같은 체계에 그 바탕을 두고 있다. 언제부터 중국의학이 미신과 주술의 상태를 벗어나서 현재 우리에게 알려진 음양오행의 체계적인 '의학'으로 발전하게 되었는지는 베일에 가려 있다. 침구학과 본초학이 이미 체계를 갖춘 상태로 역사 속에 등장했기 때문이다. 중국의학의 교과서로 불리는 '황제내경'은 전설 속의 삼황제 중 한 사람인 황제(黃帝)가 지었다고 전해진다. 후대의 중국 및 우리나라 수의학 서적에서도 황제는 말의 질병에 관해 질문하고 토론하는 화자로 등장한다. 황제의 말의 질병에 관한 질문에 대답을 해 주는 말 질병의 전문가인 사황(師皇)은 역시 전설 속의 인물이다. 중국의학의 경험적 지식을 보여주는 분야는 본초학(本草學)이다. 전설 속의 황제인 신농(神農)은 전설 속의 중국 태평성대를 다스렸던 삼황 중 한 사람으로 스스로에게 임상실험을 통해 약의 효능과 특성을 알아냈다고 한다. 이 내용을 담고 있는 책이 바로 중국의 '신농본초경 (神農本草經)'인데, 실제로는 당시의 지식을 모아 1세기경 책으로 정리되었다고 본다. 이 책은 각 365종의 처방을 담고 있으며, 피부 질병과 기생충 질병 등 3가지의 동물치료 처방을 포함하고 있다.

2) 동물의 병을 돌보는 의사, 수의(獸醫)

중국 역사에서 수의사라는 직업이 언급되는 것은 주(周)나라(B.C. 12세기경) 때로 거슬러 올라간다. 주나라 관료 체계를 담고 있다는 '주례(周禮)'는 의학과 관련된 4개의 관직, 즉 황제와 황실의 음식을 관리하는 식의(食醫), 감염성 질병과 계절병을 다루는 질의(疾醫), 종기와 외상치료를 담당하는 양의(瘍醫)와 동물의 병을 돌보는 수의(獸醫)를 열거한다. 비록 주례가 실제로는 한(漢)나라 때 저작된 것이라고는 해도 고대 중국에 '동물의 질병을 돌보는 수의'가 훨씬 오래전에 존재했다는 사실을 부정할 수는 없다. 그러나 이는 관직을 설명한 것이라 실제 서민들의 생활에서 '수의'가 어떤 식으로 의료 행위를 담당했는지는 알 수 없다.

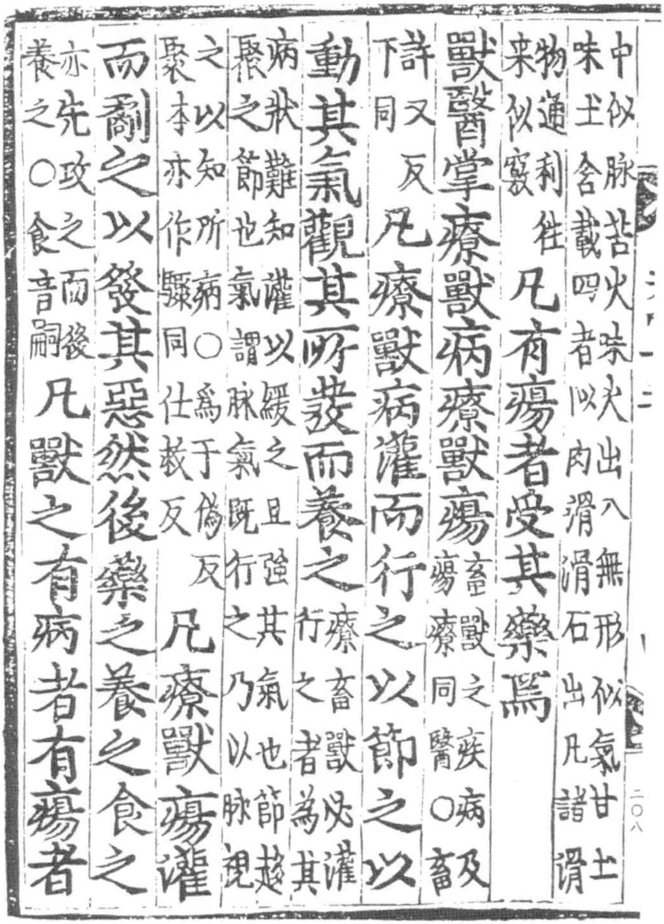

中似脉苦火味出入無形似氣甘土似竅石出凡諸滑

來物似竅利往

凡有瘍者受其藥焉

獸醫掌療獸病療獸瘍 竅醫之疾病歆

卜許又反 凡療獸病灌而行之以節之以

動其氣觀其所發而養之 療之畜獸者必灌其

療之狀難也知氣謂脉氣既且強行之其氣乃以脉視趨

聚之本亦作驟病同仕為教于偽反 凡療獸瘍灌

而劀之以發其惡然後藥之養之食之

養亦先之或食之而後嗣 凡獸之有病者有瘍者

그림 7 주례(周禮) 중에서 수의(獸醫)에 관한 내용
(纂圖互註周禮, 국립중앙도서관, 한古朝06-6)

중국의학의 대명사 격인 화타가 있다면 수의학에는 손양(孫陽)이 있다. 백락이라고 불리는 이 인물은 춘추시대의 인물로 말을 보는 데 매우 뛰어난 사람이었다고 하는데, 훌륭한 사람에게 인정받음을 뜻하는 '백락일고(伯樂一顧)'라는 고사성어로 그 이름이 알려져 있다. 하루는 어떤 사람이 말을 팔려고 시장에 내놓았으나 쉽게 팔리지 않는다며 백락에게 한 번만 보아 달라고 부탁했다. 이에 백락이 지나가다가 말이 생각보다 좋은 것을 보고 다시 한 번 돌아다보자, 그 말 값이 갑자기 열 배나 뛰었다고 한다. 이 고사에서 보는 것처럼 그는 당시 상당한 영향력을 지닌 인물이었으며 말을 잘 다루었고 말에 대한 침술에도 능했지만, 그가 직업적인 수의사였다는 증거는 없다. 후대에 전해지는 마의학 서적은 그의 이름을 딴 경우가 종종 있다. '백락침경(伯樂針經)' 또는 '백락치마잡경(伯樂治馬雜經)' 등과 같이 이름 붙여진 서적들은 백락이 직접 서술했는지, 아니면 그의 명성을 이용하고 책에 대한 신뢰성을 높이기 위해 후대의 저자가 책에 그 이름을 차용한 것인지 명확하지는 않다. 우리나라 14세기 마의학 서적인 신편집성마의방(新編集成馬醫方)에서도 침술을 다룬 부분에 백락침경(伯樂針經)이라는 제목이 부여되어 있다.

3) 고대 중국의 반려동물

고대 중국인들에게 개는 사랑받는 동물이었다. 그레이하운드 종과 비슷한 형태의 사냥개가 조각된 한나라 때의 무덤 유적이나 개를 칭하는 다양한 단어들이 발견된 고문서 등에서 당시 반려동물로서의 개에 대한 흔적을 찾아볼 수 있다. 중국인들은 일찍부터 동물의 선택 교배에 대한 지식이 풍부했다. 페키니즈, 시추, 차우차우, 샤페이 등은 중국에서 유래된 견종이다. 또한 고양이를 쥐를 잡는 영물이라 하여 귀하게 여겼고 고양이가 행운을 가져오며 고양이 눈의 섬광이 악귀를 쫓아 준다고 믿었다. 그 외에도 금붕어, 잉어, 갖가지 애완 조류뿐만 아니라 도마뱀이나 원숭이 같은 특수한 동물도 관심과 대우를 받았다. 이들 동물을 건강하게 유지하고 질병을 치료하는 방법 역시 발달했을 것으로 생각되지만, 유감스럽게도 현재 전해지는 수의학 서적은 대개 말, 소, 낙타 등 대동물에 대한 것들뿐이어서 그 실체를 파악하기는 매우 어렵다. 단지 사람에게 사용되는 것과 같은 수준의 약초와 침술이 이들에게도 적용되지 않았을까 추측해 볼 뿐이다.

5. 고대 우리나라의 수의학

1) 신화와 종교 속의 수의학

한국 고대 왕국에서 동물을 제물로 바치는 제사는 중요한 행사였다. 특히 발굴되는 유적 중에 말뼈가 눈에 띈다. 언제부터 말을 제의용으로 사용했는지에 대한 기록은 분명하지 않으나, 강릉 강문동 유적이나 경산 임당 유적, 부산 낙민동 유적과 같은 원삼국시대 저습지나 패총에서 말뼈가 출토되고 또, 말뼈와 복골 및 소형토기와 같은 제사유물들과 함께 출토되는 것으로 보아 일찍이 제의용으로 사용되었을 가능성이 높다. 삼국시대에도 고분유적에서 마구와 함께 다량의 말뼈들이 출토되는 것으로 보아 매우 보편적으로 말을 제의에 이용한 것 같다. 백제 위례성 터로 추측되는 풍납토성 유적 발굴지에서도 제사에 쓰였을 것으로 보이는 말머리 뼈가 출토되기도 했다. 마신(馬神)에 대한 제사는 중국 주례(周禮)에서 그 기원을 찾을 수 있다. 전쟁을 앞두고 말의 무사함과 전쟁의 승리를 기원하는 의미에서 천마로 수레와 가마를 주관하는 마조(馬祖), 처음으로 말을 사육한 사람인 선목(先牧), 처음으로 말을 탄 사람인 마사(馬社), 말에게 재해를 일으키는 신인 마보(馬步)에 제사를 지냈다고 한다. 마조제는 이후 조선시대까지도 시행되었다. 그러나 말을 제의에 이용하는 현상은 6세기 이후 감소하는데 아마도 불교의 도입에 따라 동물희생이 바람직하지 못하게 생각되었으며 사회적으로도 동물의 효용가치 증대로 인한 것 때문으로 생각된다.

한국 고대 수의학의 흔적은 건국신화인 단군신화에서도 찾아볼 수 있다. 삼국유사에 따르면 풍백, 우사, 운사를 거느리고 내려와 곡식과 생명, 질병, 법률, 선악 등 인간사회 모든 일을 다스렸던 환웅은 사람이 되고자 하는 호랑이와 곰에게 마늘과 쑥을 먹으며 21일간 햇빛을 보지 말고 있을 것을 명한다. 그 대상이 동물이었다는 점, 그리고 지금도 전통의학에서 중요한 약제로 쓰이고 있는 마늘과 쑥을 일종의 약제로 '처방'했다는 것을 근거로 환웅을 상징적인 수의학의 시조로 보는 견해도 있다.

고대 고구려인들에게 새는 신과 사람의 의사소통을 가능케 하는 전령으로 개와 말은 죽은 자의 영혼을 조상신에게 인도하는 사자로 중요하게 생각되는 동물이었다. 따라서 고분 안에 많은 동물의 모습이 표현되어 있다. 삼실총을 비롯한 고분 벽화에서는 이런 신화 속 상상의 동물들을 제외하고도 일상생활 속 가축의 모습도 묘사되어 있다. 외양간의 소나 부엌의 도살된 가축, 수레를 끄는 가축과 사람들 가까이에 자리잡은 반려 동물들, 그리고 사냥터에서 그려지는 사냥매와 사냥개, 말 등을 보면서 고대인들과 동물의 관계를 추측해 볼 수 있다.

2) 삼국시대의 수의학

그림 8 신라고분에서 출토된 달걀과 안압지에서 출토된 동물의 뼈
(국립경주도서관, 천명선)

자료가 터무니없이 부족하여 그 실체를 알기가 매우 힘들지만, '수의술'이라 칭할 수 있는 수준의 지식은 삼국시대에 처음 역사에 그 모습을 드러낸다. 삼국시대에는 한자가 활발히 활용되기 시작했고 그와 더불어 다양한 분야의 중국 서적들이 자유로이 수입된 것으로 미루어 짐작하건대, 수의학 서적도 이때 함께 한국에 소개되었을 가능성이 높다. 중국 서적 목록인 수서 경적지(隋書 經籍志)에 언급된 수의학서적(표 1)들은 당시 이미 의학서적과는 독립적으로 수의학 서적이 출간되었다는 사실을 알 수 있게 해 준다. 이런 서적들 중 일부는 한자를 읽을 수 있었던 지식층에 의해 읽혀지고 연구되었을 것이다.

표 1 수서경적지(隋書 經籍志)에 기록된 9종의 수의서적 목록

療馬方
伯樂治馬雜經
俞極選馬經
治馬經 2종 / 治馬經目
馬經孔穴圖
雜選馬經
治馬牛駝騾等經

삼국시대의 종교적 근간이었던 불교를 바탕으로 한 수의학적인 지식이나 동물을 대하는 태도에도 불교적 색채가 가미되었다. 따라서 당시 사회 엘리트 계급이었던 승려 계급에서 수의술이 발전한 것은 전혀 어색한 일이 아니다. 이 당시 일본에 수의술을 전했던 고구려

승려 '혜자(惠慈, ?~622)'에 대한 기록이 남아 있다. 일본인들은 그가 전해 준 수의술을 '태자류(太子流)'라고 일컫고 이를 일본 수의학의 시조로 보고 있다. 그 이후로 조선시대에 이르기까지 우리의 수의술과 수의서적은 지속적으로 일본에 영향을 미치게 된다.

> "태자가 말을 팔 수 있는 마시(馬市)를 개설하라는 칙령을 최초로 내렸는데, 말을 베푸는 말 가운데 번통[馬煩痛]을 앓는 것이 수없이 많았다. 이에 태자가 이 문제를 해결하고자 했다. 태자 23년 고구려로부터 초빙되어온 혜자라고 불리는 승에게 그 지식을 묻자, 그가 답을 올렸는데, '중국에는 마의(馬醫)라고 불리는 가축을 돌보는 의사가 있어 그로부터 얻은 이 도를 태자에게 받들어 전할 수 있을 것입니다' 했다." (일본 수의학사, 1979, 太子流系圖)

전쟁과 정복이 활발했던 삼국시대에는 국가에서 좋은 말을 생산하는 데 관심이 많았다. 우수한 말의 필요성을 절감했던 고구려에서는 정책적으로 국초부터 목장을 설치하여 양마 생산에 힘썼다. 백제에도 관제 중 마부(馬部)가 있어 군용마를 관리했으며, 신라에서는 이미 문무왕 때 전국에 목장이 174개에 이르렀고 외국에서 양마를 수입하기 위해 관청도 설치되었었다. 그러나 제도적으로 수의사를 양성했거나 국가에 소속된 '수의'가 존재했는지는 명확하지 않다. 다만, 고려와 조선시대의 제도를 참고해 볼 때 동물의 건강을 돌보는 역할을 특별히 수행했던 조직이나 개인이 존재했을 가능성이 충분히 있다.

제 3 장

고대에서 중세로 수의학의 발전
‐전문 서적을 중심으로

1. 고대 그리스와 로마의 수의학

1) 아스클레피오스의 지팡이

음악과 시와 의술의 신인 아폴로의 아들이며 의학의 신인 아스클레피오스(Asklepios)는 반인반마인 카이론에게 의학을 전수받았다고 전한다. 의학과 수의학을 나타내는 마크에 등장하는 뱀이 감긴 지팡이는

아스클레피오스의 상징이기도 하다. 그에게는 이아소(Iaso, 의료), 판아케아(Panakeia, 만병통치), 아이글레(Aigle, 광명), 히게아(Hygeia, 위생)라고 불리는 네 딸이 있었는데, 그들의 이름 역시 지금도 의학용어에 남아 있다. 고대 그리스에서 이 아스클레피오스를 모신 신전인 아스클레피온은 병자에 대한 치료가 직접 행해지던 곳으로도 의미가 있다.

그림 9 아스클레피오스

2) 히스토리아 아니말리움(Historia animalium)

위대한 철학자 플라톤의 제자였으며 동방과 서방을 연결한 알렉산더 대왕의 스승이었고, 모든 학문의 시작이라 일컬어지는 아리스토텔레스, 그리스의 자연 철학자들이 그러했듯, 그도 자연과 생명에 대해 큰 관심을 보였다. 아리스토텔레스의 방대한 동물학 저서인 '히스토리아 아니말리움(Historia animalium)'은 총 9권으로 이루어져 있으며 약 500여 종의 동물을 분류하고 특징에 대해 세세하게 설명했다. 관찰 내용으로 짐작할 때, 저자가 직접 동물 해부를 수행한 것으로 보인다. 아리스토텔레스는 심장이 영혼의 자리이며 의식의 중추라고 생각했고, 뇌는 피를 차갑게 하는 기관이라고 여겼다. 그는 영혼의 복잡함을 척도로 동물을 분류했는데 동물은 인간이 가진 이성적 영혼을 소유하지 못하고 영양적 영혼과 감각적 영혼만을 가졌다고 단정했다.

수의학과 관련된 내용은 주로 제8권과 9권에 걸쳐 기술되어 있다. 돼지, 말, 개, 소, 당나귀, 코끼리의 대표적인 질병을 소개한다. 치료법과 경과에 대한 짧은 설명이 있기는 하지만, 아리스토텔레스 스스로는 진료에 참여하지는 않은 것 같다. 책에 언급된 질병 중에는 그 증상으로 미루어 현대적 의미의 질병으로 해석해 볼 수 있는 몇 가지가 있다. 돼지에서 브란코스(Branchos)는 턱과 기관지에 염증을 나타내며, 발과 귓속도 영향을 미칠 뿐 아니라 근접 부위 괴사를 일으킨다. 감염축은 먹이도 먹지 않고 병의 진행은 매우 빨라 곧 사망에 이른다고 기록하고 있다. 고대부터 널리 알려진 질병이었던 탄저

Θ(I)

608a

I Τὰ δ' ἤθη τῶν ζῴων ἐστὶ τῶν μὲν ἀμαυροτέ-
ρων καὶ βραχυβιωτέρων ἧττον ἡμῖν ἔνδηλα κατὰ
τὴν αἴσθησιν, τῶν δὲ μακροβιωτέρων ἐνδηλότερα.
φαίνονται γὰρ ἔχοντά τινα δύναμιν περὶ ἕκαστον
15 τῶν τῆς ψυχῆς παθημάτων φυσικήν, περί τε
φρόνησιν καὶ εὐήθειαν καὶ ἀνδρείαν καὶ δειλίαν,
περί τε πραότητα καὶ χαλεπότητα καὶ τὰς ἄλλας
τὰς τοιαύτας ἕξεις. ἔνια δὲ κοινωνεῖ τινὸς ἅμα
καὶ μαθήσεως καὶ διδασκαλίας, τὰ μὲν παρ'
20 ἀλλήλων τὰ δὲ[1] παρὰ τῶν ἀνθρώπων, ὅσαπερ
ἀκοῆς μετέχει, μὴ μόνον ὅσα τῶν ψόφων ἀλλ'
καὶ ὅσα[2] τῶν σημείων αἰσθάνεται[3] τὰς διαφοράς.

[1] δὲ καὶ a Sn. Bk.
[2] καὶ ὅσα Fᵃ Xᶜ β P Kᶜ: ὅσα καὶ a γ Cs. Bk.
[3] β Ald.: διαισθάνεται a γ Cs. Bk.

[a] See note a on page 56.
[b] The mental and psychological traits and the temperamental dispositions, also mentioned at I 488b12, VII(VIII) 588a18, VIII(IX) 610b20, 612b18, 629b5. For physiognomical characters see I 491b12 ff. The introduction to

214

ARISTOTLE
HISTORY OF ANIMALS
BOOKS VII–X

EDITED AND TRANSLATED BY
D. M. BALME

PREPARED FOR PUBLICATION BY
ALLAN GOTTHELF

HARVARD UNIVERSITY PRESS
CAMBRIDGE, MASSACHUSETTS
LONDON, ENGLAND
1991

그림 10 히스토리아 아니말리움(D. Balme, 1991)

나 구제역을 의심할 수 있게 해 주는 증상이다. 말의 경우는 초원에 놓아 먹일 때보다 마구간에서 기를 때 질병이 더 많이 생긴다는 지적과 함께 제엽염과 파상풍에 대한 증상을 묘사했다. 한편, 당시 질병에 대한 지식이 가진 오류를 드러내 주는 경우도 있다. 리타(lytta)는 개에서의 광견병으로 여겨지는 질병인데, 이 질병에 이환된 개가 다른 동물을 물면 병을 옮길 수 있지만 사람을 물어도 옮길 수 없으며, 코끼리는 걸리지 않지만, 낙타는 걸린다고 알고 있었다. 한편 9권에서는 거세에 관련된 생리학적 지식을 찾아볼 수 있다.

> "거세한 동물들은 모두 그렇지 않은 동물보다 크고 살찐다. 하지만 이미 성체가 된 경우에는 거세를 해도 그 크기에는 별 영향을 미치지 못한다."

암컷 돼지와 낙타의 거세에 대해서도 설명하고 있는데 이들 동물들에서 거세는 더 이상 교미하지 못하고 쉽게 체중이 늘도록, 전쟁에 쓰일 때 새끼를 갖지 못하게 하기 위해 이용되었으며, 외과적인 방법을 적용했다고 한다.

히스토리아 아니말리움은 수의학 서적은 아니다. 하지만 동물, 특히 가축에 대한 기술에서 질병과 그 치료가 중요한 부분을 차지했음을 추측하게 해 준다. 이 책은 동로마 제국과 이슬람을 거쳐 17세기까지도 비판 없이 그대로 인용되곤 했다. 아리스토텔레스의 오랜 권위로 인해 많은 오류들 또한 그대로 신봉되었다.

3) 초기 로마 농학서적들

의학의 한 분야로 자리매김을 하고 이론적인 체계를 중시했던 중국과는 다르게 로마에서는 수의학 지식이 농업과 더불어 집대성되었다. 고대 로마의 농서 중에는 수의학 지식을 담고 있는 책들이 종종 있는데, 이들은 복잡한 의학 이론의 설명 없이 실용적인 지식에 초점을 맞추고 있다. 목축과 농장경영에 필요한 수의학 자료들을 모아 놓은 이 책들의 저자는 유명한 학자이거나 혹은 직접 농장을 경영한 농부이기도 했다.

우선 로마 이전에 지중해를 주름잡았던 카르타고의 마고(Mago, 550~500 B.C.)를 먼저 언급해야 하겠다. 그가 썼다는 28권의 농서는 말과 소의 거세법을 비롯해 각종 질병에 대해서 다루고 있지만 원본은 유실되었다. 하지만 로마시대 농서를 저술했던 후대인들에 의해 그 부분부분이 인용되어 남아 있다. 고대 로마에서 가장 오래된 농서는 카토(Marcus Porcius Cato, 234~149 B.C.)의 '농업에 대하여(De agricultura)'이다. 카토의 책은 수의학에 대해 많은 지식을 담고 있지는 않지만, 약초를 이용한 몇몇의 치료법을 소개하고 있다. 예를 들어, 양에서 벼룩이나 이 등 외부 기생충은 올리브 오일로 된 연고를 바르고 소금물로 씻어내라고 당부한다. 하지만 '만약 소가 일하던 중 병을 얻으면 즉시 날달걀을 삼키게 하라'와 같은 비과학적인 응급치료법들도 논하고 있어, 이 치료법들이 임상경험을 통해 실제로 얻은 수의학 지식이었는지 의심스럽기도 하다.

총 세 권으로 된 '농업에 대하여(Res rusticae)'는 로마에서 가장 박식한 사람이라는 평을 얻었던 바로(Marcus Terentius Varro, 116~27 B.C.)가 저술한 농서로 가축 사육과 질병에 대해 다루고 있다. 바로는 매우 격이 있는 언어로 책을 저술하고는 있지만, 농장을 스스로 경영하거나 가축의 질병을 체험했던 사람이 아니다. 바로는 동물의 질병을 다루는 사람들에는 의학지식을 갖춘 전문가와 숙련된 목동,

그림 11 로마 농장 가축을 묘사한 조각품들(로마 팔라틴 박물관, 천명선)

두 종류가 있다고 설명하며, 직접 동물들과의 접촉이 많고 경험적인 지식을 쌓았던 목동들은 비상시를 대비해 약제와 도구들을 상비해야 한다고 강조했다. 그는 가축 질병의 원인이 과도한 열과 냉, 과도한 노동, 운동부족, 부절적한 식이라고 생각했다. 또한 전염병의 원인과 전파에 관해 '눈에 보이지 않는 작은 생명체가 바람과 함께 옮겨 전염시킨다'고 서술했다. 이는 19세기 미생물의 존재가 밝혀질 때까지 전염병의 원인체에 대한 가장 과학적인 설명이었다.

바로와는 전혀 다르게 실제 성공을 거둔 농장주였던 저자도 있으니, 그가 바로 콜루멜라(L. Junius Moderarus Columella, ?~?)이다. 그의 저술 '농업에 대하여(De re rustica)'는 중세시대까지 가장 중요한 수의학 서적 중 하나로 손꼽혔다. 총 12권 중 6~9권이 축산과 수의에 대한 내용을 포함하고 있다. 이 책의 중요한 점은 작가 자신의 경험을 적고 있다는 점이다. '농업에 대하여'는 농장에서 키우는 말, 소, 양, 염소, 돼지, 개, 당나귀, 노새는 물론이거니와 가금류와 양봉까지 광범위하게 다룬다. 또한 사슴과, 노루, 멧돼지 등도 맛이 좋다는 이유를 들어 효용성이 높다고 보고 있다. 매우 명료한 표현으로 가축의 질병을 설명하고 허브나 동물 지방, 술 등 농가에서 쉽게 구할 수 있는 소박한 재료들을 이용한 재료를 이용한다. 외과적 처치로는 연령에 따라 다르게 적용된 거세법을 기술하고 있다. 또한 축사 위생을 강조하여 질병의 예방책을 세우기도 하는 등 그 관심의 범위가 세세한 곳까지 미쳐 있어 후대 사람들에게 당시 로마 농장의 모습과 농업의 수준을 파악할 수 있게 해 준다. 다만 주술적인 치료를 완전히 배제하지 못한 것이 콜루멜라의 한계라고 말할 수 있다.

콜루멜라의 책에는 수의학을 의미하는 'veterinarius'라는 단어가 쓰이고 있다. 'Veterina'는 가축을 의미하는 라틴어다. 'medicus veterinarius'라면 가축을 치료하는 의사가 되는 셈이다. 하지만 당시의 묘비명을 보면, 직업으로서 mulomedicina(당나귀 의사), medicus iumentarius(가축의사), medicus equarius(말 의사) 등이 함께 쓰이고 있어서 수의사를 지칭하는 일반 명사로서 veterinarius가 쓰였다기보다는 상황에 따라 다양하게 적용되었던 것 같다.

4) 로마 사회 속의 수의학 관련 제도

'지중해를 내해로 두었던' 로마제국의 군대는 뛰어난 공병대를 두었고 매우 체계적인 군기지를 운영했다. 이런 군기지 안에 말을 진료하고 치료할 수 있는 시설인 베테리나리움(Veterinarium)이 있었다고 한다. 다친 군인들을 치료했던 시설과 멀지 않은 곳에 위치한 이 시설은 면적이 약 625 m^2 되는 입원실과 160 m^2 정도의 처치실을 갖추고 있어, 대략 60마리 정도의 말을 수용할 수 있었을 것으로 추측된다. 자료가 부족하여, 정확히 어떤 공간이었는지 알기는 어렵다. 단순히 마구간이나 말 훈련시설이 아니었겠는가 생각할 수도 있지만, 그 크기와 위치 및 명칭을 볼 때 일종의 '말 병원'으로 보는 견해가 더 설득력이 있다.

혼란기였던 후기 로마제국을 통치해야 했던 디오클레티아누스 황제는 강력한 황권을 회복해야 했다. 이를 위해 세금제도와 화폐제도에서도 개혁을 단행했다. 그러나 새로운 화폐제도가 가져온 급격한 인플레이션이 사회적으로 문제가 되자 결국 1300여 개 항목에 이르는 임금과 상품의 가격에 대해서 상한선을 정한 '최고가격령(301 A.D.)'을 발포하게 된다. 이 최고가격령에 수의사와 그 업무에 대한 몇 가지 언급이 있다. 우선 자유직 수의사(mulomedici)는 Tonsura (갈기 자르기)와 Aptatura pedum(말굽 관리)에 6 데나리우스(Denarius)까지 청구할 수 있었고, 이보다 수준이 높은 처치인 Depletura(방혈법)과 Purgatio capitis(머리의 담(痰)제거)에는 20 데나리우스까지 수가를 올릴 수 있었다.

5) 동로마 제국의 수의학

330년 두 개로 갈라진 로마제국에서 15세기까지 독특한 문화를 이끌어간 동로마 제국, 즉 비잔틴 제국은 중세시대에 무시되었던 고대 그리스 문화를 르네상스 유럽으로 전해 주는 역할을 한다. 수의학 지식도 마찬가지였다. 그 대표적인 결과물인 코르푸스 히피아트리쿰 그레코룸(*Corpus Hippiatricum Graecorum*, CHG)은 9~10세기경 동로마인들을 통해 편찬되었다. CHG는 서양 수의학의 역사에서는 처음으로 그리스-로마시대의 수의학 지식을 집대성한 것으로 의미가 깊다. 말의 질병을 매우 체계적으로 편집한 이 책은 고대 그리스와 로마의 명망 있는 수의사들의 이름을 언급하고 있는데, 이들의 권위를 빌리고자 의도한 것 같다. "이 책을 통해서 설득력 있는 말을 찾지 말라. 오히려 경험을 통해 얻은 자연과학적 지식에 주의를 기울여라"라고 말하는 압지르토스(Apsyrtos)는 대표적인 그리스의 말의사(hippiater)로 콘스탄티누스 대제(272~337)를 수행해 전장에 나갔다. 그는 책에서 이때의 말 치료 경험을 살려 제엽염이나 류마티즘 등 주요한 질병들에 대해 설명한다. 그 이외에도 그와 동시대인인 테오메스토스(Theomestos), 약간 후대의 히에로클레스(Hierocles) 등 많은 수의사가 등장한다. 이 책은 '머리에서 발'의 순서로 말의 질병을 논하고 있다. 1장에서 10장까지 일반론적인 내용을 다루며 11장의 눈, 귀, 목, 코의 질병을 시작으로 목과 어깨부위, 소화기계와 비뇨기계, 사지와 꼬리 순으로 진행된다.

표 2 *Corpus Hippiatricum Graecorum* 의 목차

CHG의 목차

라틴어로 저술된 또 다른 대표적 수의학 서적은 물로메디시나 키로니스(Mulomedicina Chironis)로 전설 속 의술의 대가였던 반인반마 카이론(Chiron)의 이름을 땄다. 작자가 미상인 이 책 역시 압지르토스(Apsyrtos)를 수의학의 대가로 언급하고 있는 것으로 보아 CHG와 동시대에 저술한 것이 아닌가 추측된다. CHG에 비해 체계 없이 구성되어 있지만 매우 자세하게 환축을 관찰하고 그 증상을 묘사하여 질병을 이해하는 데 도움을 준다. 이 외에도 펠라고니우스(Pelagonius)의 수의술(Ars veterinaria, 4세기경), 베지티우스 레나투스(Vegitius Renatus)의 수의술 또는 물로메디시나(Ars veterinaria sive Mulomedicina, 5세기경)도 대표적인 라틴어 수의학 서적이다.

6) 갈레노스의 의학 이론과 동물 실험

엠페도클레스(Emphedocles)는 기원전 5세기경 시칠리아 아크라가스에서 활동한 정치가이자 철학자로 의사로서도 인정받았다. 우리에게 4원소론으로 유명한 이 고대 철학자는 이 이론체계를 통해 자연과학의 길을 열어주었다. 우주 만물은 절대 변하지 않는 최소 단위의 공기와 불과 흙 그리고 물, 네 가지 원소로 구성되어 있고 그 원소들 사이에는 인력과 척력이 작용한다는 것이다. 이 네 원소는 건조함, 축축함, 뜨거움, 차가움이라는 성질을 나타낸다. 엠페도클레스는 우주의 진화 단계에서 각 신체부위의 결합으로 이루어진 동물이 탄생하고 적절하지 못한 결합에 의한 동물들은 환경에 적응하지 못해 살아남지 못하고, 잘 적응한 동물들만 번성했다는 원시적인 '진화론'의 아이디어 주창자이기도 하다. 그의 4원소설은 히포크라테스를 비롯해 당시의 의학자들에게 많은 영향을 끼쳐 의학 이론인 '체액설(humoral theory)'이 발전하는 데 이론적인 토대를 제공했다. 4체액설에 대한 근간을 마련한 사람은 페르가몬 출신의 의사 갈레노스(131~201 AD)다. 열정적인 집필가이기도 했던 그는 많은 저서를 통해 고대 의학을 집대성했고 그의 의학지식은 이후 중세 유럽과 이슬람 세계 의학과 수의학을 지배하는 이론이 되었다.

체액설에 따르면 사람은 4가지의 체액(혈액, 점액, 황담즙, 흑담즙)을 갖고 있으며 이들이 서로 적당한 비례를 이룰 때 건강을 유지할 수 있다고 생각했다. 이 비례가 깨지면 질병이 생기는데 이 상태를 디스크라시(Dyskrasy)라고 한다. 4체액의 성질은 담즙질(膽汁質, choleric),

흑담즙질(黑膽汁質, melancholic), 다혈질(多血質, sanguine), 점액질(粘液質, phlegmatic)로, 사람의 기질을 나누는 기준으로 이용된다.

갈레노스는 히포크라테스와 마찬가지로 목적론자(teleologist)로서 "자연의 모든 것은 창조주의 좋은 뜻에 따라 제대로 된 것, 원상태를 유지하는 것이 가장 좋은 관리"라고 생각했다. 그는 신경계에 대한 매우 세밀한 해부학적 지식을 가지고 있었으며, 이는 생리학과 병리학에서도 나름대로 확고한 체계를 세울 수 있는 배경이 되었다. 수의학도 예외가 아니어서, 중세에 편찬된 유럽과 이슬람의 수의학 서적들은 대부분 갈레노스의 의학이론을 따른다. 그러나 동물, 주로 돼지와 원숭이, 해부를 통해서 터득되었던 그의 생리, 해부학적 견해가 완벽했다고 말할 수는 없다. 그 예로 그는 혈액이 간을 통해 나와 정맥을 타고 온몸으로 퍼진다거나 혈액은 우심실과 좌심실 사이의 보이지 않는 구멍에 의해 좌심실로 들어간다고 생각했으며, 사람에서는 존재하지 않은 '뇌혈관 그물(Rete mirabile)' 구조를 주장하는 등 오류를 저지르게 된다. 그러나 그의 생리학적 오류마저도 중세의학에서는 비판 없이 받아들여져 그 후로 오랫동안 진정한 생리학적 발견을 더디게 한 걸림돌이 되기도 했다.

2. 중세 이슬람과 유럽의 수의학

1) 이슬람 제국의 수의학과 그 저서들

인간과 운명을 공유하고 신의 지혜와 인간의 의무에 대한 교훈을 주기 때문에 이슬람세계에서 동물은 문화의 중요한 한 주체이다. 이슬람교도는 경전인 코란에서 금하고 있는 돼지나 개 등의 동물을 먹지 않고, 가축을 도살할 때는 고통을 최소화하기 위해 날카로운 칼로 단숨에 목을 베어 죽여야 하며 동물의 피 역시 먹지 않는다. '마의학'은 이슬람 수의학에서도 역시 절대적인 위치를 차지했다. 마의학을 특별히 '알 바이타라(Al baitara)'라고 부르는데, 이 단어는 같은 의미의 그리스어인 'hippiatros'가 시리아어 'pyatra'를 거쳐 아랍어인 'biyatr'로 변형되면서 생겨났다.

이슬람 전통 수의학에서는 광견병 치료에 혈청학적 방법이 이용되었으며 홍역 등의 질병을 예방하기 위해 어떤 형태의 '백신'이 이미 사용되고 있었다. 또한 전염병인 우역(Rinderpest), 아프리카 마역(african horse sickness), 탄저(Anthrax), 비저(glanders)뿐만 아니라 제엽염(laminitis)이나 산통(colic), 기타 산과성 질병 역시 광범위하게 다뤄졌다. 무엇보다도 이슬람 전통 수의학에서 잘 발달한 분야는 약물학이다. 기존의 전통적인 치료 약물과 더불어 인도나 중앙아시아 등과의 활발한 교류를 통해 다른 문화권의 다양한 약초에 접할 수 있었고 이를 통해 치료법을 발달시켰다.

그리스 로마의 전통을 계승한 이슬람 의학의 근본 이론은 갈레노스의 의학이다. 특히 9세기 이후 비잔틴을 비롯한 인도 페르시아의 서적들이 이슬람 문화권에서 번역되고 소개되기 시작했다. 고전 의학 지식들이 이런 경로로 전해졌다. 수의학의 경우도 크게 다를 바는 없다. 수의학에 대한 지식은 전문 수의학 서적뿐만 아니라 농학 서적 혹은 마학(hippology)서적에서도 부분적으로 다루어졌다. 말뿐만 아니라 소와 양, 낙타, 당나귀, 노새도 이슬람 전통 수의학의 관심의 대상이었다. 서구에서 아비세나라고 부르는 아부 알리 이븐 시나(Abu Ali ibn Sina, 980~1037)는 이슬람 의학의 아버지로 추앙받는 인물이다. 그가 저술한 의학 정전(Canon medicinae)은 짧게나마 동물의 질병을 다루고 있다. 하지만 아쉽게도 이는 아리스토텔레스의 히스토리아 아니말리움(Historia animalium)을 그대로 옮긴 것으로 그가 새로 연구한 내용은 아니다.

이 밖에도 이슬람 인들은 매우 다양한 수의학 서적들을 남겼다. 9세기 궁중 수의장(equerry)이었던 이븐 아히 히잠 알 후툴리(Ibn ahi Hizam al-Huttuli)가 저술한 대표적 마의학 서적인 '마술과 마의학(Kitab al-furusiya wal-baitara)'은 실제 경험에서 우러나오는 정교한 치료법을 서술하고 있다. 한 예로 발목 관절에 손상을 입은 말에 대한 처치를 보면 그 세심한 지침을 엿볼 수 있다.

"그리고 마구간 바닥에 짚을 잘 깔아두어야 한다. 또한 말이 회복될 때까지 바닥에 눕지 못하도록 해야 한다. 그리고 말을 줄로 안장 아래를 묶어

천정에 매어 놓을 때는 배 아래의 줄을 다른 줄로 한 번 더 감싸서 줄이 떨어져 나가지 않게 해 주어야 바닥에 눕지 못하게 할 수 있다."

이 서적에서 다루는 질병과 그 치료방법들을 자세히 살펴보면 후대 이슬람 문화권의 수의학에 많은 영향을 미쳤지만 이미 활발하게 전수되고 있던 그리스 로마시대의 수의학 고전이나 동시대의 서구 수의학 서적과는 큰 유사성을 보이지 않고 있어, 당시 이슬람 수의학의 독립성과 특수성을 이해하는 데 도움을 준다. 한편, 이슬람 수의학 서적에 실린 몇몇 해부도는 매우 평면적이고 단순화되어 있어 실제 동물 해부를 통해서 나온 것이라기보다는 추상적인 해부학적 이미지를 담고 있는 듯하다. 그러나 수의사들은 경험을 통해 훨씬 더 자세한 해부학적 지식을 가지고 있었음을 의심할 여지가 없다.

2) 군수의장(horse marshal)의 수의학과 중세 민간 수의학

암흑기를 빠져나와 13세기로 들어오면서 유럽에서는 수의학사에 있어 명확한 진보의 흐름이 포착된다. 그 흐름을 알아볼 수 있는 대표적인 저술이 바로 1250년 요다누스 루푸스(Jodanus Ruffus)가 편찬한 마의학서이다. 이 책은 후에 학자들에 의해 '마의학에 대해서(De medicina equorum)'로 명명되었다. 그는 수의학 발전에 많은 공헌을 한 프리드리히 2세의 궁중 수의사였다. 당시 수의학 발전의 장본인들로 라틴어로 'marescallus(horse marshal)'라고 일컫는 수의사 계급은 궁중에서 꽤 높은 지위를 차지했었다. 이 저술은 철저히 수의사 본인의 경험에 의존한 책이다. CHG(Corpus hippiatricorum graecorum)이나 이슬람 수의학 서적과는 형식과 내용이 다른 것으로 볼 때, 이전에 나온 다른 수의학 서적들의 영향도 그다지 받지 않은 것 같다.

책의 본문을 한 번 살펴보자면, 아픈 말과 그 치료 방법을 묘사하는 것은 동시대 우리나라 수의학 서적인 신편집성마의방(新編集成馬醫方, 1399)에서와 크게 다를 것이 없다. 발굽을 치료하거나 외상을 치료하는 방법은 물론 치료를 위해 말을 보정하는 다양한 방법도 자세히 묘사되어 있다. 말의 파행이나 안장에 의한 외상, 심혈관계 및 소화계 질병을 중점적으로 다루고 있으며, 이는 갈레노스의 의학 이론에 바탕을 둔다. 또 한 가지, 이 책의 삽화에서 말을 돌보고 있는 이들의 행태와 복장을 자세히 보면 재미있는 사실들을 발견할 수 있다. 우선 모자를 쓰고 화려한 색의 옷을 입은 한 사람이 있다. 이는 'marescallus(horse marshal)'로 주로 다른 이들에게 지시를 내리는 모습으로 그려졌다. 지위가 높아 보이고 어려운 시술을 직접 담당한다. 작은 모자를 쓴 이는 아마 견습단계를 지난 수의사 정도 되는 것 같다. 이들은 직접 시술하는 경우가 많다. 이들을 돕고 있는 모자를 쓰지 않은 이는 이제 막 이 일을 시작한 견습생처럼 보인다. 이런 자료들은 'marescallus'가 되기 위한 일종의 단계적 훈련 과정이 존재했음을 추측하게 해 준다.

같은 시기에 나온 마이스터 알브란트(Meister Albrant)의 마의학 책은 잘 훈련된 'marescallus'의 책이 아니다. 저자는 독일 태생으로 나폴리에서 일했던 장제사였다. 총 36개로 이루어진 단순한 처방은 주술이나 미신에서 완벽하게 자유롭지만 증상에 대한 묘사나 진단법, 예후 등에 대한 설명이 서툴거나 거의 없다. 이는 우리나라 고서인 '우마양저염역병치료방(牛馬羊猪染疫病治療方, 1541)'과 매우 흡사한 구조이다. 치료제는 대부분 농가에서 구하기 쉬운 약용식물이고 치료법도 단순하다. 라틴어에 능숙하지 못했던 그는 독일어로 책을 썼지만 이 책은 유럽의 다른 지역으로도 전파되어 18세기까지도 그의 책은 수의사와 농가의 필독서였다.

> "목(머리부분)이 약하거나 이로 인해 질병에 시달리는 말에게는, 완전히 말린 무와 울금(鬱金)을 같은 양으로 섞어 가루를 만든 후 술에 타서 목에 부어라. 그리고 말이 콧물을 흘릴 때까지 코를 막아라. 고름이 흘러나올 때까지 이를 계속 반복하라. 콧물이 더 이상 나오지 않으면 이 말을 건강해진 것이다." (마이스터 알브란트 마의학서의 한 부분)

중세를 지나면서 수의술의 체계화를 꾀했다고는 하지만 당시 수의학은 아직 학문이라 부르기에는 아쉬운 점이 많다. 철저히 경험에 의존한 지식의 산물로 교육기관을 통한 전문적인 직업 훈련은 없었다. 또한 해부학, 생리학 등의 기초학문이 체계화되지 않은 시기이므로 이론적으로도 천 년이 넘도록 답습해온 갈레노스의 의학이론에서 벗어나지 못했다.

3. 중국과 우리나라의 중세 수의학

1) 중국의 전통 수의학의 발전

"금수(禽獸)의 질병은 칠정(七情)의 하나로 인해 비롯된다기보다는 대개 풍(風), 한(寒) 이나 부적절한 음식으로 인해 생겨난다. 그래서 사람의 질병과는 다르게 그 치법(治法)이 단순해 보일 수 있다. 비록 금수의 내장과 경락이 사람의 것과 다름에도 불구하고 천지(天地)로부터 기혈(氣血)을 받는 것은 사람과 크게 다르지 않다. 그러므로 무릇 약을 쓰는 것도 사람의 질병을 치료할 때와 대략 비슷하다. 다만 동물은 기(氣)가 거칠고 혈(血)이 탁하며 먹고 마시는 것이 사람과는 다르다. 따라서 동물의 치료에 특별히 쓰이는 약이 있으니 사람을 치료할 때 그 효과를 볼 수 있는 것들이 아니다. …… 또한 질병 역시 어떤 한 동물에만 걸리는 질병이 있어 이런 질병을 다루는 데 쓰이는 처방도 따로 있다. 이런 모든 면들을 살펴볼 때, 수의학은 대체적으로 인의와 비슷하다. 단지 쓰이는 약의 용량이 크고 강도가 세다고 할 수 있는데, 이런 것들이 잘 지키면 좋은 효과를 낼 수 있다. 또 천운(天運)과 시기(時氣)의 변화에 따라 변화가 많으니 약제를 더하고 덜하여 사람의 질병을 다룰 때와 마찬가지로 그 질병의 병리에 맞춰야 한다. 따라서 수의학과 의학의 기술은 그 상하를 논할 수 없이 동등하다." (의학원류론 중 수의론, 서대춘)

18세기 중국 서대춘이 저술한 '의학원류론(醫學源流論)'은 한 단원을 수의론(獸醫論)에 할애하고 있다. 그리 길지 않은 글이지만, 중국 전통 수의학에 대한 전반적인 이해를 도와준다. 서양에서와는 다르게 일찍이 의학의 한 분야로 자리매김을 했던 중국 고대 수의학은 '사목안기집(司牧安驥集, 9~10C)'이나 '원형료마집(元亨療馬集, 1608)'

이 보여주듯 음양오행설에 의거한 이론적 체계를 완성했다. 수의사가 질병의 원인과 병리를 이해하거나 약을 처방할 때 모두 이 이론에 바탕을 두었다. 그러나 실제로 적용되는 의학 이론이 사람과 동물에 있어 크게 다르지 않더라도 사람을 치료하는 것과 동물을 치료하는 것은 동일할 수 없다. '수의론'은 바로 이렇게 이론적인 설명보다는 동물을 치료할 때 알아야 할 매우 실질적인 사항을 다루며 수의학의 특성을 논하고 있다. 사람에서와 다르게 동물의 질병이 생기는 주된 원인이 있음과 동물이 해부학, 생리학적으로 사람과 다른

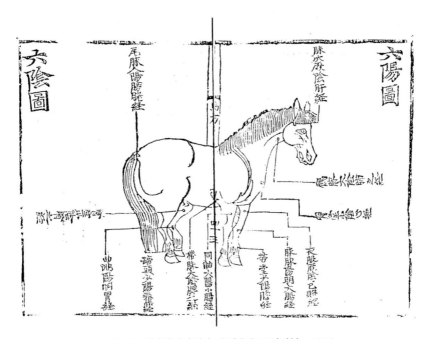

그림 12 신편집성마의방 육양육음도(영인본, 1990)

점을 강조하고 특별한 동물에만 걸리는 질병이 있다는 점, 각 동물마다 다른 약을 써야 한다는 점 등 매우 체계적으로 들고 있어, 중국의 전통 수의학이 이미 독립적인 체계를 가지고 발전해온 학문이었다는 것을 짐작해 볼 수 있게 해 준다. 중국 전통 수의학의 영향을 강하게 받은 우리나라의 수의학도 그 상황이 다르지 않았다. 그러나 인의에 비해 그 학자층이 두텁지 못했고 전문 서적들도 그 수와 대상동물을 고려할 때 다양하지 못한 것으로 보아 의학만큼 고도로 심화되지는 못했던 것으로 보인다.

우리나라에서는 주로 유학자나 관료들에 의해 수의학서적이 편찬되었지만, 중국에서는 직업 수의사였던 유본원, 유본형 형제가 출판한 '원형료마집'이 있다. 관에 소속된 '마의'를 제외하고도 민간에서 활동하던 수의사에 대한 정보를 얻을 수 있는 부분이다.

2) 중국 중세 수의학 서적

표 3 중세 중국과 우리나라의 주요 수의학 고전

	中國	우리나라
7. C BC (?)	伯樂針經 (?)	
9.~10. C	司牧安驥集	
12. C	蕃牧纂驗方	
1280	痊驥通玄論	
1399		新編集成馬醫方
1541		牛馬羊猪染疫病治療方
1608	元亨療馬集	馬經大典(1634) / 馬經諺解(1635)

중국전통의학 이론에 바탕을 둔 사목안기집(司牧安驥集)은 9세기 이석(李石)에 의해 집대성된 수의학 서적이다. 송대의 서지 기록을 보면 사목안기집 3권과 사목안기방 1권 총 네 권으로 이루어졌다고 하는데, 그 이후 원대까지 내용을 증보하여 총 8권으로 늘어난다. 사목안기집은 조선시대에도 널리 쓰였던 마의학서다. 조선왕조실록 (성종 25년, 1494)에 보면 다음과 같은 기록이 있는데, 소의 치료를 다룬 우경(牛經)이 포함된 버전으로 배포되었던 것 같다.

> 승정원(承政院)에 전교하기를, "안기집(安驥集)의 수우경(水牛經)을 번역하는 일을 이미 이창신(李昌臣)·이거(李琚)·권오복(權五福)으로 하여금 하도록 하였다. 소는 밭갈이하는 데 알맞고, 말은 타는 데 알맞으므로, 모두 빠뜨릴 수 없는 것인데, 지금 우마(牛馬)의 병을 치료하는 자들이 모두 천박(淺薄)한 소견(所見)의 처방을 쓰고, 옛것을 따르지 않기 때문에 능히 치료하지 못하여 혹은 그 죽음에 이르기도 한다. 마땅히 급히 번역하여 중외(中外)에 인쇄 반포해서, 여항(閭巷)의 부로(父老)에 이르기까지 두루 알지 못하는 자가 없도록 하는 것이 좋겠다."

1608년 출판된 원형료마집은 중국 마의학 지식의 집대성이라고 할 수 있는 서적이다. 실제 유명한 수의사였던 유본형, 유본원 두 형제가 당시의 수의학 관련 서적들을 한데 모아 만들었다고 전한다. 초기 버전 중 하나로 명대에 출간된 '신각침의참보마경대전(新刻針醫參補馬經大全)'은 춘(春), 하(夏), 추(秋), 동(冬) 네 권으로 되어 있는데 우리나라에 전해져 '마경대전'이란 이름으로 알려졌다. 마경대전은 추(秋)권 전체를 할애한 중국 전통의학 이론인 팔강변증법(八

그림 13 원형료마집 17세기 청시대 복간본(Institute for Veterinary History, Munich)

講辨證法)을 비롯해 주로 춘(春)권을 통해 다뤄지고 있는 진단법, 침술법, 통증론 등의 기초 이론 등 탄탄한 이론적 배경을 바탕으로 하고 있다. 그러나 무엇보다도 눈길을 끄는 부분은 총 72가지 질병을 도해와 함께 설명한 하(夏)권이다. 각 질병의 증상과 원인론에 대해 다룬 도입부는 '가왈(歌曰)'이라고 시작되는 인용부가 있어 다양한 참고서적의 내용을 정리해 놓았다. 치료약제의 조제와 처방, 예후와 함께 침술이나 뜸법이 함께 제시되는데 특히, 증상을 묘사한 그림에 침 놓을 자리가 표시되어 있어 실용적이다. 주로 가루약으로 처방되는 경구 투여약과 더불어 다양한 재료를 조합한 연고 형태의 약제, 직장 내 투여 약 등이 눈에 띈다.

한편, 물소와 황소의 질병을 다룬 도상수황우경(圖像水黃牛經)이 종종 원형료마집과 함께 편찬되었다. 때로는 낙타의 질병을 다룬 타경(駝經)을 포함하고 있기도 하다. 이는 12세기에 출간된 '번목찬험방(蕃牧纂驗方)'에 포함되어 있던 내용으로 추측된다. 마경대전과 유사하게 구성되어 있고 질병을 묘사한 그림이 첨부되어 있어, 수의학 서적의 이런 형식이 중세 초기에 이미 부터 자리잡은 것이었음을 짐

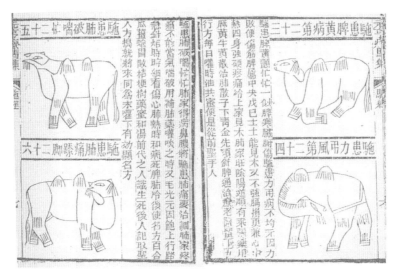

그림 14 낙타의 질병을 다룬 타경(駝經)을 포함한 원형료마집의 다른
출간물(水黃牛經大全, 국립중앙도서관, 古9490-4)

작하게 한다. 다만, 말과 반추동물의 각기 다른 소화기계 특성을 고려한 차별화된 약제와 투약법이 보이지 않고, 정확한 투여량이 제시되지 않을 경우도 왕왕 있어서 효용성을 의심받기도 하는데, 실제 치료에 있어 세세한 차이들은 수의(獸醫)나 동물의 치료에 종사한 이들의 경험과 노하우에 맡겨졌다고 보는 편이 옳다.

3) 비교해부학 지식—말은 담낭이 없다

중국 전통의학의 특성상 해부학이나 외과술이 발달되지 않았다. 그러나 수의학에서 고대 중국인들의 해부학적 지식을 엿볼 수 있는 증거들이 있다. 원형료마집(元亨療馬集)에 다음과 같은 구절이 있다.

> 동계(東溪)라는 사람이 곡천(谷川)에게 묻기를 "말이 부모가 있느냐?"고 하니, 곡천이 대답했다.

> "용이 낳았는데, 천지가 처음 생길 제 비로소 두 용이 동해 굴산(屈山)에 있으면서 산을 가리켜서 성(姓)을 삼으니, 하나의 이름은 굴강(屈强)이고, 또 하나는 굴녀자(屈女子)이니, 굴녀자는 나는 토끼를 낳고, 나는 토끼는 기린을 낳고, 기린이 말을 낳으니, 천황이 이름을 용구(龍駒)라 하였다. 후에 말이 사람을 물어서 잡아먹어 동중선(董仲仙)이란 이가 그 쓸개를 따 버리니, 말이 차는 것과 무는 것을 그치게 되어, 이름을 고쳐 말(馬)이라고 했다"(원형료마집, '論馬有父母')

말은 중국 수의학은 물론 중국 문화 전반에 걸쳐 매우 중요한 동물이다. 이 글은 고대 중국인들은 말에 담낭이 없음을 명확히 알고 있었다는 사실을 알려준다. 물론 고대부터 제물로 쓰였던 말에 대해서는 그 희생과정에서 당연히 해부학적 지식을 얻었을 것이며, 돼지와 소에서 고기를 얻기 위해 도살 해체를 담당했던 사람들은 동물들의 내장기관이나 근육 등 기초적인 해부학적 지식을 터득했을 것이다. 다만, 다른 문화권에서와 마찬가지로 이것이 수의학 발전에 어떤 영향을 미쳤는가는 또 다른 측면의 문제이다.

4) 우리나라 최고(最古)의 마의학 서적—신편집성마의방 (新編集成馬醫方)

고대 및 중세 수의학이 '말'을 주 대상으로 했었고, 수의 고전 역시 말에 대한 것이 절대적으로 많다. 하지만 현존하는 가장 오래된 수의학 서적은 '매'에 관한 서적인 '응골방(鷹鶻方, 1250년경)'이다. 고려 말 '이조년(李兆年, 1269~1343)'이 자신의 경험을 바탕으로 펴낸 이 책은 대부분을 사냥매의 사양법과 질병 치료에 할애하고 있다.

1399년 발간된 '신편집성마의방 부 우의방(新編集成馬醫方 附 牛醫方)'은 조선시대에 발간된 다른 수의학 서적들처럼 직업 수의사가 아닌 유학자인 관료(官僚)들이 중국 서적을 참고로 편집한 결과물이다. 신편집성마의방은 향약제생집성방(鄕藥濟生集成方)이 출판될 때 함께 출판된 것으로 보고 있으나 일부에서는 신편집성마의방의 발간

시기가 약간 더 앞서는 등 다른 증거들을 들어 독립적으로 출간되었다고도 한다. 하지만 주 편집진으로 조준과 김사형 등이 함께 참여하고 있는 것을 보면, 실제로 같은 집필진들의 감독하에 작업이 이루어진 것 같다. 이 책의 서문을 쓴 사람은 전의소감인 방사량이다. 전의소감은 고려시대부터 궁중에 설치된 의료기관인 전의시 혹은 태의감에 속한 의료직 관리인데, 신편집성마의방 편집에 관여했던 기관이 의학과 관련된 기관이었음을 보여주는 단서가 된다. 그는 덧붙여 국가사에 중요한 말이 병들게 되면 큰 손실이기 때문에 질병을 치료하는 법을 책으로 펴내게 되었다는 편찬 목적 또한 밝히고 있다. 이 책의 저자로 조준, 김사형, 권중화, 한상경이 언급되고 있으나, 정승이었던 조준과 김사형을 명을 받아, 실제로 편집을 지휘한 사람은 권중화였을 것으로 생각된다. 권중화는 의약, 지리·복서(卜筮)에 조예가 깊었는데 이미 향약간이방(鄕藥簡易方)을 집필한 경험이 있는 인물로 당시 이미 관직을 떠나 있었으며 매우 강직한 성품의 소유자였다고 한다. 그러나 이들은 직접 수의술을 수행하던 마의가 아니었다. 고려시대 관제에 이미 '수의박사(獸醫博士)', '마의(馬醫)'가 존재했었는데, 이들은 조선시대에도 궁중에서 실제적인 수의 업무를 담당했을 것이다. 따라서 당시 궁중의 하급관리였던 마의들이 편집을 도왔을 가능성이 있다. 참고로 했던 중국 서적과 비교해서 신편집성마의방에는 실제 임상에 필요한 내용만을 중심으로 다루고 있어서, 그들의 자문이 없이는 이런 편집이 쉽지 않았을 것이기 때문이다.

서문에서 밝힌 것처럼 신편집성마의방은 '백락의 경을 날줄로 하고 원의 결을 씨줄로 하여 효험 있는 처방을 여러 책에서 가려 뽑고 동인이 경험한 의술을 채택하여' 편찬된 책이다. '백락의 경'과 '원의 결'은 중국의 대표적인 참고서적을 의미한다. 참고서적으로 우선 이석(李石)이 당나라 때 발간하고 시대를 거듭하며 수의학 지식을 덧붙여간 '사목안기집(司牧安驥集)'을 고려해 볼 수 있다. 조선시대 마의(馬醫)들의 수험서로 쓰였다는 이 책은 원본 그대로 수입되고 배포도 되었다. 15세기 중반 경에 증간(增刊)된 '사목안기집'본을 보면 '36 기와병원가(三十六起臥病源歌)' 등 신편집성마의방에 수록된 대부분의 내용을 담고 있다. 다만 신편집성마의방에는 이 부분에서 34개의 질병만을 취했다. 맨 마지막 두 종의 질병을 누락시켰기 때문에 이것이 실수에 의한 누락인지, 아니면 마지막 두 질병이 흔하지 않은 질병이기 때문에 의도적으로 누락시킨 것인지는 알 수 없다. 또 다른 참고서적으로 '전기통현론(痊驥通玄論)'이나 '번목찬험방(蕃牧纂驗方)' 등 12~13세기 출간된 수의고전을 생각해 볼 수 있다. 단순한 창작물이 아니라 접근 가능한 모든 수의학 저작물을 집대성하는 중국 전통 수의학 서적들의 특징을 고려하면, 어떤 종류의 고전을 참고로 했더라도 당시의 중요한 수의학 지식에 접근할 수 있었을 것이다.

신편집성마의방에는 '동인경험방(東人經驗方)'에서 따온 몇 가지 치료법이 나온다. 몇 가지를 살펴보면 다음과 같다.

동인이 경험한 창만의 치료방문
국출산(麴朮散) 말이 비위부조(脾胃不調)로 설사함을 치료한다.
호국(好麴) 약간 볶은 가루 4냥, 창출(蒼朮) 가루로 4냥
위의 약제를 쌀뜨물 끓인 것에 조합하여 먹이되 낫지 않으면 재차 먹인다.

동인이 경험한 말의 옴 치료법
여여(茹茹, 藺茹) 여로(藜蘆) 위령선(葳靈仙)
위의 [약제를] 같은 분량으로 고운 가루로 갈아 묽은 죽과 같게 하여 바른다.

치료법 자체는 매우 단순하지만, 동인경험방은 '동인', 즉 우리나라 사람들 스스로가 개발하거나 이미 쓰고 있었던 수의술이었을 것이다. '동인경험방'이 고려시대에 편찬되었던 의약서이거나 동일이름을 딴 수의서였을 가능성 역시 배제할 수는 없지만, 아쉽게도 그 근거자료가 남아 있지 않아서 확인할 길은 없다.

외과를 등한시했던 전통 수의학에서 당연한 일이지만, 신편집성마의방에서 다루고 있는 질병은 대개 내과 질병이다. 하지만 말의 파행이나 외상 치료 등 수의사가 임상에서 쉽게 접하는 질병들을 폭넓게 다루고 있다. 병마의 그림과 함께 구성되어 있으며, 이 책의 가장 중요한 부분인 '34 마병상도병약(三十四馬病狀圖幷藥)'에서는 주로 산통을 다루고 있지만, 뇌염이나 제엽염 등 다양한 질병을 읽어낼 수 있다. '아픈 곳을 가리키는' 듯 배쪽을 돌아보는 말의 모습이나, 산통으로 괴로워하는 모습, 벽을 향해 돌진하는 모습 등 마치 표정을 가진 듯한 말의 모습이 잘 묘사되어 있다. 그러나 이 책에서

생식기계 질병이나 산과 질병을 찾아보기가 힘들다. 암말의 생식기를 '적당한 단어를 찾을 수 없는 부위'라고 표현하는 등 유학자들이 주 편집진이었던 결과 터부 시 되었던 이 분야의 질병을 논하기를 꺼렸던 건 아닐까 생각해 보게 된다.

신편집성마의방에는 이미 체계화된 당시 전통 수의학의 모습이 그대로 드러나 있다. 생리학이나 병리학 이론은 전적으로 전통 의학에서 비롯되었다. 오장론에서는 오행설에 입각한 기본 생리학의 전통 의학적 설명과 함께 각 장기의 질환에 자주 이용되는 대표적인 처방들을 제시해 준다.

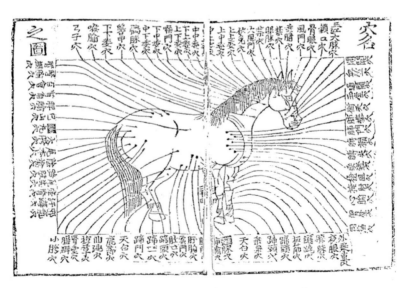

그림 15 신편집성마의방 1633년 제주본 중 '혈명지도(穴名之圖)'(영인본, 1990)

"가을 3개월은 폐가 72일 동안 왕성해서 승상이 되는 것이니 폐의 무게는 3근 12냥이다. 폐는 밖으로 코에 응하니 코는 기를 주관하고 기는 그 영위를 소통한다. 폐는 매운 맛을 받아들인다. 폐는 장(臟)이고 대장은 부(腑)이다. …… 폐는 오장의 화려한 덮개이다. 폐는 속(裏)이 되고 대장은 겉(表)이 되며 폐는 음(陰)이 되고 대장은 양(陽)이 된다. 폐는 허(虛)하고 대장은 실(實)하다. …… 폐는 덮개가 되어 심장 위에 있고……"

침술에 능했다는 고대 중국의 말 전문가 백락의 이름을 딴 '백락침경' 부분에는 혈명도와 함께 혈자리를 찾는 방법, 침을 놓는 방법을 자세히 묘사해 놓았다. '백락침경' 부분에 서술된 침술의 기본에 대하여 간략하게 정리하면 다음과 같다.

1. 무엇보다도 전체 경락에 대한 지식을 터득할 것
2. 병을 잘 보아 얼마나 깊게 침을 놓아야 하는지 반드시 알아야 함
3. 병에 따라 보(補)하고 사(瀉)하는 법을 구분할 것
4. 침술을 행하는 옳은 날을 구분할 것
5. 침을 놓을 때 머리카락 한 올만큼의 차이가 큰 산과도 같으니 반드시 정확하게 놓을 것

5) 한글로 된 마의학 서적 _ 마경언해(馬經諺解)

마경언해는 무관 출신으로 '화포식언해(火砲式諺解)'의 저자이기도 한 이서(李曙, 1580~1637)가 중국의 원형료마집을 편집하고 한글로 해석을 달아 편찬한 마의학서이다. 조선에서 출간된 신편집성

마의방이나 중국에서 수입된 사목안기집 등이 수의학 교본으로서 역할을 수행하고는 있었지만 한글로 된 마의학 서적은 마경언해가 처음이다.

원형료마집의 복잡한 이론적 내용은 대부분 생략하고 도해와 함께 질병을 다룬 부분을 중심으로 편집했다. 유학자 출신이 아닌 무관으로서 그는 병기와 군마에 관심을 기울였던 것 같다. 거세법, 구색법, 각종 질병에 대한 진단, 치료, 예후법이 상세하게 정리되어 있는 이 책은 군에서도 매우 요긴하게 이용되었을 것이다. 마경언해는 상·하 두 권으로 구성되어 있으며 목판으로 된 그림이 매우 아름다울 뿐 아니라 중세 국어를 연구하는 데에도 중요한 자료이기도 하다.

6) 우마양저염역병치료방(牛馬羊猪染疫病治療方)— 가축전염병의 창궐과 그 대책

신편집성마의방(新編集成馬醫方)에는 '온역(溫疫)'이나 '역(疫)'이라는 표현이 종종 등장한다. 전통 의학적인 이론에 의하면 역병은 몸 밖의 나쁜 기운(癘氣)이 입과 코와 피부를 통해 몸속으로 들어오고, 몸의 방어(衛氣)가 약해질 경우 발생한다. '역(疫)' 혹은 '역병(疫病)'이란 고된 일을 치르듯 몸이 수고스러운 상태를 말하는데, 이 표현은 질병 그 자체보다 그 질병으로 인한 '피해'에 중점을 맞춘 것이라 한다.

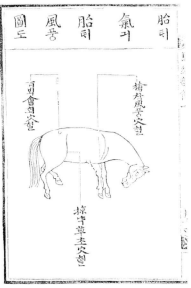

그림 16 마경(초집)언해(국립중앙도서관, 한古朝80-12)

조선왕조실록의 가축전염병 기록을 둘러보면 16세기에서 17세기 말까지, 즉 중종(1506~1544)과 현종(1660~1674) 때, 전염병에 관련된 기록이 잦다. 바로 이 시기에 현존하는 조선시대 유일한 가축 전염병 서적인 '우마양저염역병치료방(牛馬羊猪染疫病治療方)'이 발간되었다. 총 26가지 처방으로 이루어진 이 책은 1541년 처음 간행되었다. 1541년(중종 36년)은 평안도에서 3,515마리가 병사한 기록을 시작으로 주로 소와 돼지의 폐사가 줄을 이었던 해이다. 실제로 전염병 예방과 치료에 효과가 있었을까 의심스러운 부분이 많긴 하지만, 한글로 쉽게 풀이해 놓아 이해하기 쉽게 써 놓은 표현들은 매우 간략하고 실용적이다. 역병 유행할 때, 국가에서는 시급하게 의학서들을 인쇄해 전염병이 퍼진 지역으로 배포했는데, 이런 의학서들로 '간이벽온방(簡易壁瘟方, 1524)', '신찬벽온방(新纂壁瘟方, 1613)', '벽온신방 (辟瘟新方, 1653)' 등이 있다. 우마양저염역병치료방도 같은 맥락에서 인쇄되었을 것이다. 이 책은 그 이후에도 계속 복간되었다.

몇 가지 처방을 살펴보면, 다음과 같다.

"소 병이 처음 시작될 때는 소루쟁이풀을 찧어 즙을 내어 두 되나 서 되정도를 입에 부어라. 그리고 아직 병이 시작되니 않은 경우라도 미리 입에 부어 먹여라", "또 한 처방으로 천금목(붉나무)과 그 잎을 물에 끓여 식혀서 입에 부어라.", "소의 열병을 고치려면 참깨의 잎을 물에 끓여 입에 부어라.", "소와 말이 서로 전염하는 병을 고치려면 삽돗뿌리와 박새, 궁궁이, 세심, 창포의 뿌리 등을 양과 개수를 같이하여 함께 모아 갈아서 불에 피워 그 냄새를 코로 맡게 하여, 그 기운이 배어들게 하면 즉시 좋아진다"

주로 본초를 이용한 처방이 많은데, 이 처방들은 신편집성마의방 부우의방 등 기존의 수의학 관련 책자에서 따온 것이 대부분이다. 항균작용이 있는 소루쟁이풀이나 설사약으로 쓰이는 붉나무 잎과 가지 등은 전통의학에서 많이 쓰는 약제들로 전염병의 전형적인 증상들을 치료하기 위함으로 보인다. 수의 고전에 나오는 본초들은 비록 그 질병과 용도가 아직 정확하게 연구된 바는 없으나 언제나 눈여겨 볼 가치가 있다. 특히 천연물 재료가 각광을 받고 있는 현실에 비추어 볼 때, 이들은 귀중한 참고자료로 평가된다. 질병의 양상으로 볼 때, 소의 열병, 소와 말이 함께 전염될 수 있는 전염병 등 다양한 종류의 질병들이 유행했던 것 같다. '우역(牛疫)'이라는 표현이 자주 등장하지만, 말과 돼지와 심지어 개까지 전염되었다는 기록도 있으며, 사람과 동물이 함께 질병에 걸렸다는 기록도 심심치 않게 발견된다. 일본인들에 의한 것이긴 하지만, 구한말 우리나라의 가축 전염병에 대한 조사자료를 보면 당시, '우역(牛疫)'이란 표현이 '우역(rinderpest)'이나 '탄저(anthrax)' '기종저(black leg)'에 대한 통칭이었을 것으로 추측하고 있다. 질병의 기록에서 그 증상을 명확히 알아낼 수 없지만, 고대의 질병으로서 이 세 가지 질병이 큰 위치를 차지했음은 의심의 여지가 없다.

제 4 장

중세에서 근대로 수의학의 학문으로서의 발전

1. 근대 해부학과 생리학의 발전

1) 다빈치와 뒤러, 예술과 과학

중세적 가치관에서 아무리 의학의 발전에 이바지한다고 해도 사체 해부란 도덕적으로 금지된 행위였다. 그러나 중세의 엄격한 종교적 가치관은 유럽인구의 1/4을 희생시킨 흑사병 유행을 끝으로 무너져 내렸다. 이제 학문의 전당으로 자리잡은 의과대학에서는 해부학 강의가 공개적으로 이루어졌다. 인체 장기와 조직의 정확한 구조와 기능을 알아야 했던 의학도들뿐 아니라 인체의 아름다움을 그대로 표현하고 싶어하는 조각가나 화가들도 해부학을 배우고 연구했다. 예술가이자 과학자이며 이상주의자였던 르네상스의 천재 레오나르도 다빈치, 특히 그가 묘사한 동물의 움직임은 해부학적 지식이 없다면 불가능할 근육의 움직임들을 정확하게 묘사하고 있다. 그의 지식이 '해부학'으로 발전하지 못했으며, 그의 작품은 한 번도 출판된 적이 없는 그냥 '노트(Note)'였기 때문에 비록 다빈치의 지식이 해부학 발전에 큰 영향을 미치는 못했다 하더라도, 그의 자료를 통해 그 무렵의 해부학 수준을 짐작해 볼 수 있다. 비슷한 시기 독일의 화가 뒤러(Albert Dürrer, 1471~1528)의 동물 묘사도 비슷한 맥락에서 참고

그림 17 뒤러의 코뿔소

해 볼 만 하다.

르네상스 이후로 의학의 학문적인 발전이 눈부시게 이루어지고 각 대학의 의과대학들은 문전성시를 이룬다. 그러나 서양의 수의학은 아직은 전문적인 교육과 독립적인 학문으로서의 지위를 경험하지 못한 상태였다. 따라서 다양한 해부(또는 생체해부)를 통한 비교해부학과 실험 생리학의 발전이 실질적으로 수의학적 지식의 변역을 확장시켰음에도 불구하고 임상적인 발전으로 이어지지는 못했다. 또한 전문 연구 인력들은 의학교육을 받은 임상의나 혹은 의학자 그리고 생물학자들이었다.

2) 근대 해부학의 아버지 베살리우스

해부학을 학문으로 끌어올린 베살리우스(Andresa Vesalius, 1514~
1564)는 파두아 대학의 해부학 및 외과교수였다. 그의 강의는 일반인
들에게도 상당한 인기를 끌었다. 파두아 시장은 그의 해부학 강의시
간에 맞춰 처형을 집행하고 교수대에서 방금 옮겨온 죄수의 시체를
베살리우스에게 제공했다고 한다. 그가 공동묘지와 처형장을 오가며

그림 18 베살리우스와 인체의 구조에 대하여

쌓은 해부학 연구 성과는 드디어 1543년 인체 해부학 교본인 '인체의 구조에 대하여(De humani corporis fabrica libri septum)'로 출판된다.

중세를 지배했던 갈레노스의 해부학은 대개 동물 해부에서 나온 지식이라 실제 인체 해부학 지식과는 달랐다. 베살리우스는 전통적인 갈레노스의 해부학 지식이 잘못되었음을 지적했고 철저하게 스스로의 경험을 통해 얻은 해부학 지식을 그의 책에 반영했다. 물론 그의 발견이 아무 저항 없이 받아들여진 것은 아니다. 갈레노스의 해부학이 절대적인 진리라고 믿는 보수적인 학계와 종교계로부터 끊임없는 공격을 받았다. 이 책의 표지 그림을 보면 당시 해부학 강의 모습을 엿볼 수 있다. 해부학 강의에서는 동물의 생체해부(vivisection)가 행해지는 것은 낯선 일이 아니었다. 그러나 그 방법의 잔인함과 실험동물의 고통에 대한 윤리적 고찰이 사람들 사이에서 논의되기 시작한 것은 훨씬 후의 일이다.

마침내 그는 개를 끌고 나왔다. 그는 개가 움직이지 못하도록 작은 말뚝에 묶고 턱도 묶어서 물지 못하도록 한 후 다음과 같이 말했다. "자, 이제 우리는 이 살아 있는 개를 통해서 신경계의 역할에 대해 알아보겠습니다. 신경이 손상되지 않은 개는 잘 짖지만, 내가 어떤 신경 하나를 잘라버리면 짖는 소리의 반이 없어진다는 것을 알게 될 것입니다. 나머지 하나도 잘라버리면 개는 전혀 짖지를 못합니다." 그리고는 이 개를 해부하여 재빨리 동맥 근방의 신경을 찾아내었고, 그 이후 모든 것은 그가 말한 대로 되었다. 그가 이 신경계를 잘라내었을 때 개는 전혀 짖지를 못하고 숨만 쉬고 있을 뿐이었다. ('지식의 원전' 중에서, 존 캐리, 2004)

3) 수의 해부학의 발전

인체해부학의 발전은 다양한 동물의 해부(때로는 생체 해부)를 통한 비교해부학적 연구에 바탕을 두고 있다. 한편, 베살리우스의'인체의 구조에 대하여'보다 50년가량 후에 출간된 카를로 루이니(Carlo Ruini, 1530~1598)의 '말의 해부와 질병' (Dell' Anotomia er dell' Infirmita del Cavallo, 1598)은 당시 수의해부학의 수준을 가늠하게 해 주는 중요한 사료이다. 루이니는 수의학자가 아니라 아마추어 학자였을 따름이지만 말에 지대한 관심을 가지고 홀로 연구를 수행했다. 이탈리아 볼로냐 출신인 그는 당시 팽배했던 매우 체계적이고

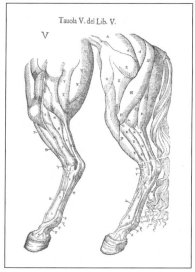

그림 18 카를로 루이니의 말의 해부와 질병
(Historical Anatomies on the Web, NML)

실험적인 의학의 영향을 받았다. 이 루이니의 역작이 비록 해부학 초기의 오류에서 자유롭지는 못했지만 약 150년 후 유럽에 수의과대학이 처음 설립되는 시기까지도 교과서로서 역할을 해냈다.

역시 파두아 의과대학에서 해부학을 강의했던 쥴리오 카세리오 (Giulio Casserio, 1552~1616)는 특히 발성기관과 청음기관에 대해 관심을 가졌다. 그가 만든 다양한 동물의 해부학 도록은 그 세밀함과 정확성이 매우 뛰어나다. 물론 해부학 발전의 결과가 멋진 해부학 도록 제작은 아니다. 신체에 대한 정확한 이해는 그 다음 단계로 체계적인 현대 의학의 발전을 가져온다. 가장 획기적인 전환점은 바로 카세리오의 제자였던 하비(William Harvey, 1578~1657)의 '혈액 순환설' 발표이다. 하비 이전에도 혈액 순환설을 주창한 학자들이 있었지만 이 위대한 실험 의학자에 의해 본격적으로 의학계에 인식되기 시작한다. 그의 학설에 바탕이 된 것이 바로 많은 해부 경험과 동물 실험이다. 16세기를 기점으로 서양에서 전통의학은 근대의학의 모습을 서서히 갖추기 시작한다. 이 흐름을 열어준 것이 바로 해부학과 생리학의 발전이며, 이 과정 속에서 동물 해부는 매우 중요한 위치를 차지했다. 물론 아쉽게도 당시에는 이런 발전이 곧바로 수의학 임상지식으로 연결되지는 못했지만 한 세기 후에 설립되는 수의과대학들이 드디어 수의학을 학문으로 발전시킬 수 있는 기반을 마련해 주었다.

4) 하비의 혈액순환설

13세기 이슬람 의사 알라 알 딘 이븐 알 나피스(Alaal-Din Ibn al-Nafis)는 의사였으며 동시에 언어학자이고 철학자이며 역사가였다. 카이로의 의학교에서 활동했던 그는 자신의 저술을 통해 '폐순환'을 명백하게 언급한다.

> "혈액은 우심실에서 좌심실로 이르지만 그 사이에는 직접적인 통로가 없다. 다른 사람들이나 갈레노스의 생각처럼 심실 중격은 구멍이 나있거나 보이지 않은 미공들이 존재하지는 않는다. 우심실의 혈액은 폐동맥을 통해 폐로 가고……폐정맥을 통해 좌심방으로 들어온다"

하지만 너무 앞서간 그의 아이디어를 중요하게 생각하는 사람은 없었다. 후에 1547년 그의 저술들이 라틴어로 번역되었는데, 이는 유럽의 학자들이 폐순환을 본격적으로 연구하기 바로 전의 일이다. 비록 알 나피스의 아이디어는 실험에 의거했다기보다는 해부학을 통해 얻은 지식을 바탕으로 한 추상적인 개념이었다고는 하지만, 그의 생각이 어떻게든 유럽의 과학자들에게 전해지고 영향을 미쳤을 것이다. 한편 중국 전통의학개념에서 보면, 혈액 순환은 낯선 개념이 결코 아니다. 경락을 통해 혈(血)과 기(氣)가 흐르고 '순환'하기 때문에 혈은 이 순환계를 빠져나가거나 새어나갈 수 없다. 유럽인들이 중국과 왕래하기 시작했을 무렵, 이런 아이디어 역시 함께 전해졌을 것이다. 또한 베살리우스는 대정맥이 '간'에서 나오는 것이 아니라는 사실을 알아내고 역시 심실 중격을 통해 혈액이 이동한다는 갈레노스의 학설을 부정했다. 스페인 출신의 의사로 '삼위일체론'을 부정했다는 이유로 칼빈에 의해 사형을 당한 세르베투스(Michael Servetus, 1511~1553) 역시 혈액이 심실중격을 통해 이동하는 것이 아니라 폐동맥을 통해 심장에서 나갔다가 다시 폐정맥을 통해 들어온다는 의견을 피력했다.

이런 선구자들의 아이디어가 얼만큼 영향을 미쳤는지 알 수는 없지만, 드디어 1628년 정확한 실험을 바탕으로 하비는 '동물의 심장과 혈액의 운동에 관한 해부학적 연구(Exercitatio anatomica de motu cordis et samguinis in animalalibus)'를 출간했다. 우선 하비는 심장 판막들은 혈액이 한 쪽 방향으로만 흐르는 증거라고 생각했다. 그리고 동물의 생체해부를 통해, 갈레노스가 주장한 것처럼 한쪽 심실에서 다른 쪽으로 혈액이 이동하는 게 아니라 양쪽 심실이 동시에 수축한다는 사실도 알아냈다. 게다가 살아 있는 동물에서 심장을 떼어냈을 때도 심장은 얼마간 계속해서 박동한다. 이 사실은 심장 자체가 박동의 원동력이라는 뜻이다. 또한 하비는 사람의 심장에 2온스(약 60g)의 혈액을 담을 수 있다는 사실을 이용해 심장이 시간당 펌프질 하는 혈액의 양이 약 8,640온스(약 250kg)에 달한다는 것을 계산할 수 있었다(평균 박동 수 72회 / 분 X 2온스 X 60분). 그렇다면 사람이 섭취하는 음식과 음료로부터 정맥혈이 만들어지고 소비된다는 것은 불가능하다. 즉 혈액은 '닫혀진 고리' 안에서 '순환'해야 한다는 결론에 이를 수 있다. 하비는 다양한 종류의 동물들을 실험의 대상으로 삼아 자신의 아이디어를 증명하고 유혈동물에서 혈액의 순환은 보편적인 현상이라고 지적했다.

철학적으로 17세기는 이른바 '기계론적 자연론'이 바탕이 되었던 시기이다. 프랜시스 베이컨(Francis Bacon, 1561~1626, 하비는 그의 주치의이기도 했다)과 르네 데카르트(Rene Descartes, 1596~1650) 등의 철학자들은 우주에는 '정확한 질서'가 있으며 이를 밝혀내는 데는 '과학적인' 방법이 필요하다고 주장했다. 특히 데카르트는 우주와 마찬가지로 생물 역시 하나의 기계로 인식할 수 있다고 생각했다. 이런 생각들의 시작은 브리헤, 케플러, 갈릴레이 등의 천문학자들의 새로운 발견에 깊은 영향을 받은 것이다. 이런 흐름이 생물학과 의학에도 적용되어 학자들은 물리적인 실험을 통해 생리학적 기능을 밝혀내려고 노력했다. 동물과 인체해부학의 발전이 이 밑거름이 되어주었음은 말할 나위도 없다.

윌리엄 하비는 영국에서 태어나 켐브리지에서 의학을 공부한 후, 당시 해부학의 중심지였던 파도바 대학에서 수련을 거쳤다. 베살리우스로부터 이어지는 훌륭한 전통의 교수진 밑에서 수련을 받은 하비는 실험과 관찰을 통해 진리를 파악하는 좋은 훈련을 한 셈이다. 영국으로 돌아온 하비는 꽤 성공한 의사로 명성을 날린다. 왕립의과대학의 교수를 역임한 것을 물론이고 제임스 1세와 찰스 1세의 의사로도 활약을 했다. 그런 그도 '동물의 심장과 혈액의 운동에 관한 해부학적 연구'를 발표하는 데는 상당히 뜸을 들였다. 그도 그럴 것이 갈릴레이가 지동설로 이단재판을 받은 것은 1633년이다. 비록 하비의 경우 종교적인 반발이 갈릴레이의 발견에 미칠 정도는 아니지만, 아직 세상은 새로운 생각에 대해 그리 너그럽지 못했다. 보수적인 갈레노스 주의자들은 맹렬하게 하비의 이론에 공격을 해댔다. 그들은 새로운 방식으로 갈레노스의 심장과 혈액에 대한 이론을 지지하기도 했지만 이는 점점 설득력을 잃어갔다.

엄청난 발견인 하비의 혈액순환설도 그 자체로 완벽한 것은 아니었다. 혈액순환설의 마지막 고리인 동맥과 정맥의 연결통로 '모세혈관'을 설명하지 못했기 때문이다. 하비가 사망한 후 몇 년이 지나 현미경을 이용하여 이 모세혈관의 존재를 발견한 사람은 우리에게 '말피기 소체'로 친숙한 이탈리아 해부학자 말피기(Marcello Malpighi, 1628~1694)였다. 그러나 하비의 발견은 현대 생리학 발전에 가장 중요한 기반을 마련해 주었다. 그의 발견은 17세기 과학의 가장 중요한 업적 중 하나로 평가된다.

윌리엄 하비의 또 다른 업적은 동물발생학 분야에서 찾을 수 있다. 그의 스승이었던 파두아 대학의 해부학 교수 파브리시우스(Geronimo Fabricius, 1537~1619)는 일찍이 '태아 형성에 관한 연구(De Formato Foetu)'라는 비교 해부학 저술에서 태반의 중요성과 태아가 탯줄을 통해 영양분을 받는다는 사실을 최초로 언급했다. 스승의 영향을 받아 학생 시절부터 발생학에 관심을 가졌던 하비는 영국으로 돌아와 동물 발생에 대한 많은 관찰과 실험을 수행했다. 연구를 통해 그는 병아리가 어미 닭과 수탉의 체액의 혼합을 통해 형성된다는 아리스토텔레스의 이론이 맞지 않다는 것을 알게 되었다. 암컷의 혈액이나 수컷의 정액은 새로 형성된 달걀 안으로 들어가지 않았다. 하비에 따르면 교미 후에 암컷은 며칠 동안은 수정란을 낳을 수 있다. 부모 동물의 역할은 수정된 알을 낳아주는 데에 그치고 이것이 병아리로 성장할 수 있는 원동력은 수정란 내에 있다는 것이다. 하비의 이 연구는 후성설(後成說, epigenesis, 수정란이 발생하는 동안 각각 기관과 조직으로 분화된다는 학설)을 강력하게 뒷받침한다. 후성설은 모든 생물은 수정란 안에 신이 창조한 대로 개개의 기관과 조직이 이미 갖춰진 채 태어난다는 전성설(前成說, preformation theory)과 정면으로 맞서는 새로운 학설이었다. 1651년 하비는 이런 연구 내용을 담아 '동물의 발생에 대하여(De generatione animalium)'를 출판했다. 이 책은 '모든 동물은 알에서 나온다(Omne animal ex ovo)'는 구절로 유명하다. 하비의 발생학 연구는 후에 '진화론'이 발전하는 토대를 마련했다는 점에서 그 중요성을 다시 한번 강조할 수 있겠다.

2. 미생물의 발견과 전염병의 극복

1) 전염병에 대한 인식의 전환

고대인들은 전염병이 '신의 저주'나 '노여움'이라고 생각했다. 그 노여움을 피하기 위해 인간이 할 수 있는 일은 신의 노여움을 사지 않는 것뿐이었다. 하지만 14세기 유럽을 휩쓸었던 페스트 유행은 전염병에 대한 인식도 바꿔놓았다. 이제 과학적이고 설득력 있는 설명이 필요해졌다. 일찍이 히포크라테스(Hippocrates, 460~377 B.C.)는 풍토병(endemic)과 유행병(epidemic)을 구분했다. 또한 질병 발생을 개개인이 아니라 집단 현상으로 취급해서 전염병을 '역학적'으로 다루기 시작했다. 그로부터 비롯된 이론이 바로 장기설(瘴氣說, Miasma theory)로 불결한 환경과 공기가 질병을 유발한다는 이론이다. 장기설은 로마의 갈레노스를 거쳐 근세에 이르기까지 영향을 미쳤다.

'농업에 대하여(Res Rusticae)'의 저자인 로마인 바로(Marcus Terentius Varro, 116~27 B.C.)는 '호흡기와 입, 코를 통해 몸속 깊은 곳에 들어와 병을 일으키는 눈에 보이지 않는 작은 생명체'라는 표현을 통해 전염병의 원인체에 대한 좀 더 구체적인 성찰을 남겼다. 그러나 이런 생각들이 전염병을 효과적으로 막을 수 있는 대책을 제공하지는 못했다. 르네상스시대로 들어오면서 이른바 '접촉 전염설(接觸 傳染說)이라는 좀 더 세련된 설명이 제시됐다. 베로나의 의사인 지롤라모 프라카스토로(Girolamo Fracastoro, 1483~1553)는 '전염, 전염병과 그 치료에 대하여(De contagioibus et contagiosis morbis et curatione libri III)'라는 저술에서 '질병의 씨앗(Seminaria morbid)', '전염의 씨앗(Seminaria contagionis)'이라는 개념을 세웠다. 또한 그는 이 책을 통해 특정 동물만을 공격하는 전염병에 대해서도 설명하고 있다.

의사나 수의사들이 장기설을 고수하고 있었다 하더라도 질병 치료에 대한 역학적인 접근은 이미 시작되었다. 특히 가축의 전염병에서 그 접근이 두드러졌다. 해부학과 생리학에서와 마찬가지로 수의학이 아직 학문으로 자리잡지 못한 당시의 상황 때문에 초기에 가축 전염병 방제에 관여했던 전문가들은 의사출신이 많다. 18세기 초 전 유럽에 우역(rinderpest)이 퍼졌을 때, 교황 클레멘트 6세의 주치의였던 이탈리아의 의사 란치시(Giovanni Maria Lancisi, 1654~1720)는 우역을 과학적으로 임상진단하고 동물 검역과 수의 방역 정책을 수립한 최초의 인물이라고 하겠다. 그는 효과적인 방역을 위해 전염병 환축의 이동 금지하고 감염 가축을 모두 도살하는 등의 12가지 법령을 만들도록 제안했다. 이는 탁월한 예방 전략이었고 그의 제안을 받아들인 로마 인근에서는 다른 지역에 비해 현저하게 그 피해를 줄일 수 있었다. 또한 산업의학의 아버지라 불리는 라마치니(Bernardino Ramazzini, 1633~1714) 역시 우역에 관심을 가져 우역으로 희생된 소의 사체를 부검하고 병리학적인 진단을 확립했다.

2) 현미경의 발명과 미생물학의 발전

기원후 1세기경 로마시대 철학자인 세네카는 물이 채워진 컵으로 글자를 확대시켜 볼 수 있다고 기록했다. 로저 베이컨(Roger Bacon, 1214~1292)은 비록 과학적인 목적은 아니었지만 글자를 읽기 위해 렌즈를 사용했다. 이미 중세의 아라비아의 학자들은 렌즈를 실용적으로 이용하고 있었다. 17세기 초반 천문학의 발전 역시 갈릴레오와 케플러의 망원경 없이는 불가능했을 것이다. 레벤후크(Antony van

Leeuvenhook, 1632~1723)는 보통 60배 정도의 확대가 가능했던 이 시대 렌즈의 성능을 약 200배까지 높이는 데 성공한다. 동시대인인 훅(Robert Hooke, 1635~1703)은 그가 만든 현미경을 통해 드디어 생물의 작은 방 '세포(cell)'라는 개념을 정립했다. 그의 책 마이크로그라피아(Micrographia, 1664)의 "Observation XVIII"에서 그는 다음과 같이 말한다.

> "…… 나는 이것들이 벌집 같은 구멍들이라는 것을 알 수 있었다. 하지만 이들은 규칙적으로 나열되어 있지는 않았다. 이 작은 구멍들, 아니 작은 방들(cells)은, 이전에는 어떤 사람도 언급한 적이 없는, 내가 처음 발견한 '현미경으로 볼 수 있는 구멍(microscopical pores)'이다"

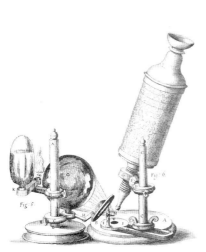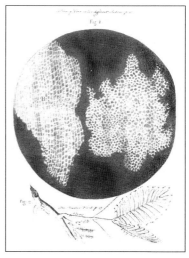

그림 20 훅의 현미경과 마이크로그라피아에 실린 세포 그림

현미경의 발달에 힘입어 과학자들은 개선충(Sarcoptes scabiei)을 비롯해 질병의 원인이 되는 수종의 기생충과 원충류를 눈으로 확인하게 된다. 그러나 미생물의 정체가 하나 둘씩 밝혀지기 시작했음에도 불구하고, 여전히 장기설(miasma theory)이나 과도한 혈액(plethoric)을 문제로 삼는 체액설에 의거한 원인론이 우세한 상황이었다.

3) 병원성 미생물 발견_탄저균

"……들에 있는 생축, 곧 말과 나귀와 약대와 우양에게 더 하리니 심한 악질이 있을 것이다. 여호와가 이스라엘의 생축과 애굽의 생축을 구별하리니…… (출애굽기 9장)"

일부 학자들은 구약성서 출애굽기를 통해 고대 이집트에 퍼졌던 질병에 대해 추측해 보기도 한다. 아마도 습한 강변이나 늪지에 방목했던 이집트인들의 소는 모두 이 전염병에 감염되어 죽었으나 강에서 떨어진 곳에 격리시켜 두었던 헤브루인들의 소는 영향을 받지 않았을 것이다. 습한 강변과 늪지 등 탄저균이 서식하기 좋은 위치와 갑작스런 발병, 높은 치사율 등으로 미루어 이 질병은 탄저로 추측된다. 가뭄과 홍수가 번갈아 일어난 이 당시 기상 재난도 전염병의 전파에 일익을 담당했다면 피해가 더 컸을 것이다.

탄저병(炭疽病, 석탄 같은 궤양이 생기는 병이라는 뜻)은 인수공통전염병으로 고대로부터 가장 잘 알려진 질병 중 하나이다. 여러

문화권에서 '검은 색'과 관련된 명칭으로 불린다. 아마 검게 변하는 비장과 검붉은 혈액, 사람들의 피부에 생기는 석탄조각(Kohle, coal, carbunculus)처럼 생긴 검푸른 궤양 때문인 것으로 보인다. 히포크라테스는 '전염병'의 두 번째 책에서 체액설에 의거해 이 궤양을 매우 잘 설명하고 있다.

> "주로 여름 동안 피부가 썩는 듯한 탄저 궤양이 발생하거나 농창이 생기기도 하고 많은 경우 커다란 피진이 발생한다."

Milzbrand(독일어) 혹은 Charbon(프랑스어)이라고도 불리는 이 전염병은 고대와 중세뿐만 아니라 근세에도 극성을 부려 18~19세기는 전 유럽에 걸쳐 페스트에 버금가는 피해를 유발했다. 요즘도 간간히 세계 각국에서 그 사례가 보고되고 있다. 우리나라에서는 지난 94년 경북 경주에서 탄저병에 걸려 죽은 소의 고기를 먹은 3명이 탄저병으로 사망했으며, 2000년에 다시 경남 창녕에서 탄저병으로 죽은 소를 도살 해체하는 과정에서 7명의 환자가 발생했다.

탄저병의 병원체인 탄저균(Bacillus anthracis)은 길이가 약 1㎛로 다른 균들에 비해 큰 편이다. 또한 포자를 형성하기 때문에 토양에서도 장시간 살아남을 수 있어, 전염병이 지난 후에도 새롭게 다시 유행할 수 있다. 19세기 초반, 탄저병이 전염성이 있는 위험한 질병이라는 것, 그리고 병에 걸린 동물의 혈액을 건강한 동물에 주사하면 질병에 걸린다는 것 등은 이미 알려져 있었다. 일부 선각자들은

'전염을 일으키는 작은 입자(contagium vivum)'라는 개념을 알고 있었지만, '병원체로서의 탄저균'을 밝혀내는 데는 거의 반세기가 걸렸다. 1850년 프랑스의 의학자인 까지미르 다벤느(Casimir Davaine, 1812~1882)와 피에르 레예(Pierre Rayer, 1793~1867)는 다음과 같은 기록을 남긴다.

> "현미경으로 관찰해 보면, 탄저에 걸린 양과 그 혈액을 주사하여 같은 질병에 걸린 양의 혈액은 동일하다. 각기 떨어져 있는 건강한 동물의 혈구들과는 다르게 서로 뭉쳐 있다. ……또한 실모양(filiform)의 소체가 혈액 속에 있는데, 길이는 혈구보다 두 배 정도 길다."

이는 미생물학사에서 탄저균(Bacillus anthracis)을 묘사한 처음의 기록이지만, 아직 이 실모양의 소체가 탄저병을 일으키는 데 어떤 영향을 미치는지가 밝혀진 것은 아니었다. 1855년 독일인 수의사인 폴렌더(Aloys Pollender, 1800~1879)는 탄저병에 걸린 동물의 혈액의 특징과 그 치료법에 대한 논문을 발표했다. 그 역시 막대기 모양의 소체(stabförmige Körperchen)에 대해 언급하면서 이 병원체에 대한 중요한 질문을 남겼다.

> "이 소체들이 전염을 일으키는지, 아니면 그냥 단순히 질병의 전달자인지 혹은 아무 관계도 없는 것인지 대답할 수는 없다"

지금 우리에게 익숙한 개념의 미생물, 'microbe'이란 단어조차 1878년 처음 사용되기 시작했다. 따라서 당시에는 이 'microbe'과 질병의 발생이 직접적인 관련이 있다는 사실은 권위 있는 다른 학자들의 의견과는 상당한 차이를 보였다. 특히 일반 박테리아와 탄저균을 구분할 수 없었던 초기 단계의 연구는 맹렬한 공격을 받았다.

4) 코흐의 가설의 성립

다벤느를 비롯한 많은 선구적 과학자들의 연구결과를 바탕으로 코흐(Heinrich Hermann Robert Koch, 1843~1910)는 병원체로서의 탄저균에 대한 연구를 지속했고 1876년 드디어 '탄저균의 생활사를 토대로 한 탄저병의 원인론(Die Aetiologie der Milzbrand-Krankheit, begründet auf die Entwicklungsgeschichte des Bacillus Anthracis)'을 발표했다. 그는 탄저균이 좋지 않은 환경에서 포자를 형성한다는 것을 실험을 통해 밝혔다. 이 논문은 한 특정 미생물이 한 질병의 원인이 될 수 있음을 보여주었다. 그의 다음 주제는 결핵균(Mycobacterium tuberculosis)이었다. 코흐는 결핵의 원인균을 분리 동정해냈고 그 결과를 1882년 '결핵의 원인론(Die Aetiologie der Tuberkulose)'을 통해 발표했다. 미생물학이나 역학을 공부할 때, 1장에서 어김없이 배우게 되는 '코흐의 가설'은 1884년 처음 세상에 빛을 보게 되었다.

1. 동일 질환을 가진 각 환자 모두로부터 동일 세균이 발견되어야 한다
2. 그 세균은 분리되어야 하고 순수 배양에서 자라야 한다
3. 감수성 있는 동물에게 그 순수 배양된 세균을 접종하면 동일 질병을 발생시켜야 한다

4. 그 세균은 실험적으로 발병하게 한 동물로부터 다시 발견되어야 한다

코흐가 처음부터 이 가설을 세우고 연구를 진행한 것이 아니라, 결핵에 관한 연구를 진행하면서 점차적으로 정립했기 때문에 이전의 그의 연구가 반드시 이 가설을 따르고 있지는 않다. 또한 이후의 연구를 통해 몇 가지 모순점들이 밝혀지기도 했다. 우선 동일질환을 가진 모든 환자에게서 동일 세균이 발견될 수는 없다. 또한 분리가 용이하지 않은 세균들도 존재한다. 무엇보다도 바이러스, 곰팡이, 기생충성 질병에는 이 가정을 적용시킬 수 없다. 증상을 보이지 않는

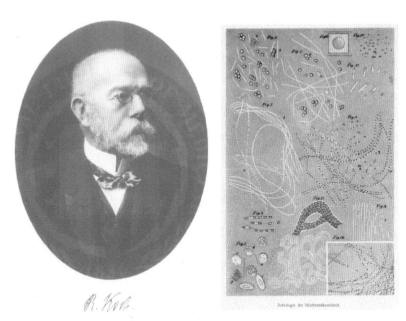

그림 21 코흐와 탄저병의 원인론 논문 중에서 탄저균의 그림

보균상태, 개체의 면역학적인 요인 등을 고려하지 않았기 때문에 어쩌면 허점이 많다고 볼 수도 있다. 하지만 이런 오류가 그 연구의 의의를 퇴색하게 하는 것은 결코 아니다. 코흐는 탄저와 결핵, 콜레라뿐만 아니라 우역을 비롯해 다른 전염병에 대한 연구를 지속했고 그의 연구실은 세계적으로 저명한 학자들의 일터가 되었다. 그 업적을 인정받아 1905년 노벨 생리의학상을 수상한 그는 국가의 명예로운 과학자로 살아 있는 동안 많은 상과 메달은 물론이고 세계 유수 대학에서 명예학위도 수여했다.

5) 제너의 우두법부터 파스퇴르의 백신까지

이미 오래전부터 중국과 인도에서는 천연두에 한 번 걸린 사람은 다시 이 질병에 걸리지 않는다는 사실을 알고 있었다. 그래서 이를 예방하기 위해 천연두에 걸린 사람의 종기의 내용물을 따서 접종하는 '인두법(人痘法)'을 이용하고 있었다. 우리나라에도 19세기 실학자들에 의해 이 방법이 소개되고 실제로 널리 시행되었다. 18세기 영국 농부들은 우두에 걸리면 천연두에 걸리지 않는다고 믿었지만 이것이 의학적으로 어떤 의미인지 알지는 못했다. 이를 의학적으로 이용한 사람은 런던의 의사였던 제너(Edward Jenner, 1749~ 1823)이다. 우유를 짜는 소녀들의 사례를 바탕으로 여러 번의 실험을 거친 후, 1798년 그는 이를 논문으로 발표했다(An inquiry into the causes and effects of the variolae vaccinae, a disease discovered in some of the western countries of England, particularly Gloucestershire, and known by the name of The Cow Pox). 이렇게 우두(牛痘) 바이러스가 이용되면서 'Vaccine'이란 단어가 쓰이게 된다. Vaccine은 라틴어의 vaccinus에서 온 말로 소를 뜻하는 'vacca'에서 유래된 것이다. 우두에 걸린 송아지에서 종기의 내용물을 취해 예방접종액을 만드는 이 방법은 사람에게 독력이 약하므로 인두법에 비해 좀 더 안전하다. 제너의 우두법이 시행된 지 약 100년 후, 우리나라에는 1879년 지석영이 처음 우두법을 소개했다.

그림 22 제너의 우두법 도구들(런던 Science Museum, 천명선)

루이 파스퇴르(Louis Pasteur, 1822~1895)는 1861년 '공기 중에 존재하는 유기체에 대하여; 자연발생설에 대한 관찰(Memoire sur les corpuscles organises qui existent dans l'atmosphere. Examen de la doctrine des generations spontanees)'을 발표함으로써 자연발생설과 세균설의 지리한 논쟁을 끝장냈다. 그는 백조목 형태의 플라스크에 적당한 온도 습도 공기 영양분을 제공한 채 멸균상태로 바깥과 차단해 두었다. 바깥에서 미생물이 들어가지 않는 한 이 플라스크 안에서는 저절로 미생물이 생겨나지 않았다. 생명은 오직 생명체로부터만 유래한다.

1880년 논문 '가금콜레라 병원체의 약독화(De l'attenuation du virus du cholera des poules)'를 통해 파스퇴르는 반복 계대 배양을 통해 약독화된 콜레라균을 접종한 닭들은 병원력이 강한 균을 다시 접종했을 때 질병에 걸리지 않는다는 사실을 발표했다. 그가 면역이나 숙주의 질병에 대한 저항 같은 기본 지식을 가지고 있는 것은 아니었기 때문에 이런 실험은 어떻게 보면 우연한 행운일 수도 있다. 하지만 이를 토대로 파스퇴르는 1881년 탄저균 백신을 개발한다. 이 백신의 효과를 보여주기 위해 그는 양을 이용한 공개 실험을 실시한다. 포자를 형성해서 생존력이 강한 이 병균을 약독화해서 예방접종을 실시한 처리군과 그렇지 않은 비교군에 치사량의 병균을 투여했을 때, 처리군에서는 한 마리도 폐사하지 않았지만 비교군에서는 모든 양이 폐사했다. 병원균을 '실험실 조작을 통해 약독화시키고 이를 예방에 이용하는 방법'은 곧바로 의학계 전체에서 이용되기 시작한다. 탄저 백신, 광견병 왁찐 개발 등 괄목할 만한 연구업적 이외에, 공중보건학에서, 특히 우유위생에 있어서의 그의 업적은 그의 이름을 딴 저온살균법(pasteurization)으로 남아 있다. 저온살균법을 도입해 55℃로 가열한 후 저장하는데 이는 포도주나 맥주가 시어지는 것을 방지하여 양조 산업에 매우 큰 이득을 가져다 주었다. 우유는 65℃에서 30분간 가열하면 전염병원균을 제거할 수 있는데 역시 지금도 이용되는 방법이다.

그림 23 루이 파스퇴르

6) 근대 역학의 시작

1854년 9월경, 런던에서 콜레라가 갑자기 극성을 부리기 시작했다. 성 제임스 병원 한곳에서만 일주일 사이에 200명이 넘는 사망자가 발생했다. 시의 대책회의에서 마취의였던 존 스노우(John Snow, 1813~1858)는 근대 역학 개념을 담은 최초의 공중보건적 해결책을 제안했다. 스노우는 콜레라 발생 지역을 돌아다니며 수집한 정보를 바탕으로 콜레라 발생이 시내의 한 펌프를 중심으로 집중되어 있다는 것을 알아냈다. 이 펌프가 콜레라 유행의 원인인 것으로 판단한 스노우는 이 펌프를 폐쇄해서 더 이상의 전파를 막아야 한다고 역설했다. 콜레라의 원인체가 무엇인지 알 수 없었지만 정확하게 수인성 전염병인 콜레라의 특성을 파악하고 적절한 조치를 취한 것이다. 그로부터 30년 후 콜레라균인 'Vibrio cholerae'를 처음 발견한 사람은 코흐였다. 그는 1883년 이집트에서 발생한 콜레라의 원인균을 분리동정 하는 데 성공하고 독일로 가져온다. 콜레라균의 성질과 그 전파에 대한 정보를 바탕으로 코흐는 콜레라 예방 대책을 마련했다. 이는 이후 도시의 물 공급 정책에도 영향을 미쳤다.

7) 검역의 시작

'병에 걸린 개체를 건강한 개체와 떨어뜨려 두는' 격리(isolation)의 개념이 전염병 관리에 도입된 것은 병원체에 대한 지식이 없었던 시절에도 가장 효과적으로 병을 예방하는 방법이었다. '전염병에 걸렸을지도 모르는 개체를 일정 기간 동안 분리해 두고 관찰'하는 검역(quarantine)이 중요해지기 시작한 것은 페스트의 유행과 통상의 증가 때문이다. 최초의 검역은 지금의 크로아티아 지역인 라구사(Ragusa / Dubrovnik)에서 도입되었다. 1377년부터 흑사병 발생 지역으로부터 오는 배를 항구에 30일(trentina) 동안 억류해두고 정박하지 못하도록 하면서 처음에는 트렌티나라고 불렸다. 후에 전염병 발생 지역에서 육로를 통해 오는 사람들을 40일(quranta)동안 막고 도시 안으로 들어오지 못하게 하면서 오늘날의 검역, quarantine이란 단어가 생겨났다. 원래 40일이라는 제한은 히포크라테스가 모든 급성 질병을 40일 내에 진행이 되고 그 이후에는 급성 질병을 일으킬 수 없다고 주장한 데서 비롯된 것이다. 해상 무역이 활발했던 도시국가 베네치아에서는 1423년 최초의 검역 시설인 '라자레또 (lazaretto)'를 운영하기 시작했다. 이는 프라카스토로가 '질병의 씨앗'개념을 도입하기 이전이며 코흐가 탄저균 병원체를 밝혀내기도 훨씬 전이다. 이후 베네치아의 라자레또를 모델로 인근 도시들이 검역 제도를 점진적으로 도입했지만 실제로 18세기 말엽까지 검역제도는 과학적이지 못하고 예방 효과도 크지 못했다. 검역의 표준화를 위한 국제사회의 노력이 시작된 것도 19세기 중반 이후의 일이다. 18세기 우역 유행 때, 란치시가 제안했던 동물 이동 금지 정책 이후 동물에서도 검역의 개념이 받아들여져 19세기에는 유럽을 비롯한 북미와 호주에도 검역 시설이 들어서게 된다. 신대륙인 북미에서는 1830년대 콜레라의 대유행으로 검역의 필요성이 일찍이 대두되었다. 이에 캐나다에서는 구대륙에서 수입한 가축들로 인해 우역, 구제역 등이 전파되는 것을 우려해 1876년 처음으로 퀘벡주(Point Levis)에서 영국에서 수입된 448마리의 소를 검역한 것을 시작으로 본격적인 검역제도가 생겨난다. 미국에는 1884년 동물산업부(Bureau of Animal Industry)에서 볼티모어 근처에 세운 동물검역시설이 최초이다.

19세기 말 전 세계적으로 유행했던 우역이 한국에도 유입되었다. 비슷한 시기 일본에서도 우역이 발생하자 일본 수의학자들은 이 질병이 한국을 통해 전파되었다고 의심하여 한국으로부터의 소 수입에 검역 절차를 두고자 하였다. 이에 1906년 농상무성령으로 '수역검역규칙'이 공포되고, 마침내 1909년 한국 내 첫 검역시설인 '수출우검역소'가 부산에 설립되었다. 이것이 현재 국립수의과학검역원의 전신으로 검역 업무는 거의 일본인들에 의해 이루어졌는데, 이는 한우를 일본으로 방출하기 위한 정책적인 책략의 일부였다. 일제시대 동안 거의 100만 두 이상의 한우가 일본으로 이출되었다.

제 5 장

수의과 대학의 성립과 현대수의학의 발전

1) 최초의 수의학교, 프랑스 리옹에 세워지다

중세에 처음 '대학'이 설립된 것은 1200년경이다. 중세 대학의 전공은 신학과 철학, 법학, 의학에 한정되었다. 의학이 그 탄생부터 고등교육 기관에 자리잡았던 것과는 달리 수의학은 18세기에 들어와 비로소 근대 학문으로서 그 형식을 갖추기 시작한다. 당시 전 유럽을 휩쓸었던 우역(rinderpest)을 비롯한 가축전염병을 해결해야 했던 것은 물론이고 군용으로 조달해야 했던 말의 질병을 돌보기 위해서도 전문 교육을 받은 수의사에 대한 사회적 요구가 증가하고 있었다.

1762년 끌로드 부겔라(Claude Bourgelat, 1712~1779)는 프랑스 리옹에 수의학교 'Ecole veterinaire'를 세웠다. 그는 수의사가 아니라 리옹에 있는 승마학교를 운영하며 말 치료에 대한 경험을 많이 쌓은 사람이었다고 한다. 나름대로 해부학이나 병리학을 수학하기도 했지만 그의 수의학적인 지식이 전문적인 수의사를 양성하기에는 부족했다. 이는 리옹의 수의학교뿐만이 아니라 초기 유럽 수의학교의 전반적인 문제점이기도 했다. 부겔라가 파리 부근(Alfort)에 설립한 두 번째 수의학교의 예를 보면 교육 프로그램 역시 신뢰할 만한 수준의 것은 못됐던 것 같다. 학생들은 대개는 말굽을 손질하는 장제사(裝蹄師) 출신으로 구성되었는데 이들은 큰돈을 들여 바닷가로 가서 수

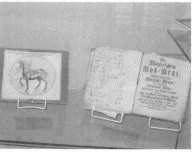

그림 24 독일 하노버 수의과대학의 박물관(천명선)

생생물의 해부학을 공부하거나 때때로 사람의 골접합술 같은 수업을 듣기도 하는 등 실제 임상을 위해 그다지 쓸모 없는 노력을 기울이기도 했다. 부겔라는 이런 충실하지 못한 교육과정들 때문에 비난의 대상이 되기도 했다. 하지만 리옹과 알포트의 수의학교는 후에 전 유럽에 세워진 수의학 교육기관의 효시로써 큰 의미를 갖는다. 실제로 알포트의 수의학교에는 외국인 학생들도 적지 않았는데, 이들 중에는 덴마크의 아빌드가르트(Peter Christian Abildgaard, 1740~1801)나 오스트리아의 스코티(Ludwig Scotti, 1728~1806)처럼 후에 고국에 돌아가서 수의학교를 세운 사람들도 있다.

18세기 말 전 유럽에 수의학교가 연이어 들어섰다. 1766년에 알포트에, 이듬해에는 오스트리아 빈에, 곧이어 독일의 괴팅엔(1771)과 기센(1777), 하노버(1778), 뮌헨(1790), 이탈리아의 투린(1769), 파두아(1774), 볼로냐(1784), 영국의 런던(1791), 스위스(1805)와 러시아(1807)에도 수의학교가 설립되었다. 아메리카 대륙에는 약간 늦은 19

세기에 수의학교(1857)가 세워졌다. 하지만 수의학을 학문으로써 그리고 '대학'교육의 일환으로 받아들이는 데는 역시 시간이 걸렸다. 일부에서는 수의학을 '동물을 치료하는 단순한 기술' 정도로 폄하하기도 했다. 게다가 수의학교에서 강의하는 교수진은 대개 의학을 공부한 사람들로 당시 임상의학 발전의 흐름을 수의학에 적용시키는 등 긍정적인 결과도 가져왔으나, 응급동물을 치료함에 있어 실질적인 치료경험이 부족하여 교육에 문제가 되기도 했다. 또한 수의학을 공부하고자 하는 사람들의 자질도 그다지 낙관적이지 못했다. 1801년경 뮌헨의 수의학교의 경우 8명만이 학교에 등록을 마쳤는데 그중에서 읽고 쓸 수 있는 이는 단 두 명뿐이었다고 한다. 교과과정 안에 포함된 과목은 '말에 대하여', '산과학', '해부학', '임상학', '장제학' 등이었다. 대개의 경우 수의학교를 졸업하면 시험을 보지 않고도 '증명서'를 받을 수 있었다. 지금은 세계적으로 명성을 떨치고 있는 수의과대학들도 당시에는 부족한 면들이 많았다. 19세기 초, 한 수의사는 동료에게 보내는 편지에서 런던 수의학교의 실상에 대해 이처럼 비판했다.

"런던의 수의학교는 나름대로 좋은 시설을 갖추고 있지만 교육은 엉망입니다. 우선 교수진이 너무 부족하고……체계적이지 못합니다. 누구나 입학하고 아무 때나 학교를 그만둘 수 있습니다. 학교는 적당한 돈만 받는다면 이를 개의치 않는 듯합니다……."

19세기 초, 각국에서 '수의사 면허증'을 가진 수의사만이 진료를 할 수 있다는 법령들이 제정되면서 수의사의 수요는 크게 늘었지만 교육기관에서 필요한 만큼의 수의사를 양성해내기는 역부족이었다. 제도적인 장치에도 불구하고 현장에서는 아직도 엉터리 무면허 수의사들이 판을 치고 있었고 이들은 사회적으로 큰 물의를 일으키기도 했다. 비싼 학비를 들이고 어려운 공부를 하지 않고도 수의사로 돈을 벌 수 있는데 굳이 수의학교를 갈 필요가 없었던 것이다. 20세기에 들어와서도 한참 동안 '정규 교육과정을 마친 수의사'와 이런 교육 없이 '실습을 통해 양성된 수의사'가 공존했다. 하지만 한 세기에 거쳐 수의학교들은 전문적인 대학 교육 안에 자리잡아 가면서 근대적인 의미의 '학문'으로서 그 틀을 갖추게 된다. 그러나 여전히 고급 수의학교육에 대해 회의적인 사람들은 그 흐름을 방해하기도 했다.

"말에게는 수의사가 박사 학위를 갖고 있든 아니든 문제될 것이 없지 않습니까? 도대체 '수의사'에게 왜 대학 졸업장이 필요한지 알 수가 없어요. '말 의사'라는 옛 단어야 말로 이들에게 적합한 단어가 아닌가요?"

현재 세계적으로 수의과대학에는 여학생이 절대적으로 많다. 우리나라 수의과대학들에서도 남학생과 여학생 비율은 거의 비슷하지만 점점 여학생의 수가 늘고 있는 추세이다. 공무원으로, 연구원이나 임상 수의사로서 여성수의사들의 활약은 설명할 필요도 없다. 그러나 역사의 한편에서 한 세기 전인 1900년대 초 서구에서는 여학생의 입학을 허가하는 것이 이슈화될 정도였다고 한다. 1894년 영국 에딘버러 왕립수의학교에 입학한 알렌 커스트(Aleen Cust)라는 여성은

여성이라는 이유로 학위를 받지 못했다. 그러나 커스트는 학위 없는 임상수의사로서 꿋꿋이 일했고 마침내 학위를 받은 것은 1919년 법적으로 여성의 동등함이 인정된 이후인데, 이때 그녀의 나이 54세였다.

2) 우리나라 수의학 근대 교육의 시작

일본이 근대 수의학 교육을 받아들인 것은 19세기 말의 일이다. 고구려의 승려 혜자가 전한 수의학이 '태자류(太子流)'로 자리를 잡은지 근 1500년 가량이 흐른 후이다. 코마바 농학교의 얀손, 삿포로

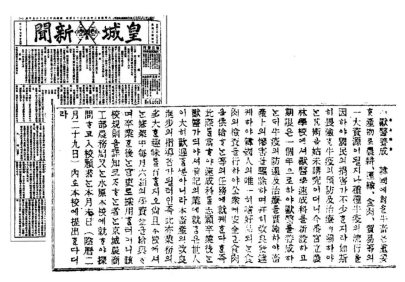

그림 25 황성신문에 게재된 수의 양성 및 수의속성과 신설에 관한 기사
(1908년 3월 20일)

농업학교의 커터 교수 등 외국인 교수들을 초빙되어 일본 근대 수의학의 기틀을 닦았고 1874년에는 도쿄 수의과대학의 전신인 '농사수학장(農事修學場)'이 설립됐다. 이곳에서 교육받은 수의사들이 일제강점기 전후 우리나라의 가축전염병을 조사하기도 하고 근대 수의학 교육을 담당하기도 했을 것이다.

1908년 수원농림학교에 '수의속성과'가 설치되었다. 총 20명의 입학생을 받아 1회 졸업생만을 배출하고 문을 닫기는 했으나, 이는 우리나라 최초의 근대 수의학 교육과정이다. 그 이전에도 농업학교 과정에서 수의해부학이나 수의병리학을 가르치기도 했지만 수의사를 위한 전문과정은 아니었다. 고등교육기관으로서 수의학교육기관의 효시는 1937년 수원고등농림학교 수의축산학과이다. 교육과정은 총 3년 과정으로 이루어졌고 꽤 짜임새가 있어 보인다. 총 20명의 입학생들은 1학년의 국어, 영어, 독일어, 생리학, 화학, 해부학 조직학, 세균학 면역학 등 기초과목을 시작으로 2학년에서는 약리학, 병리학, 기생충학, 내과학, 외과학, 진단학 등을 마지막 해에는 병리해부학, 산과학, 가축영양학, 우육학, 가축위생학, 수의법규 등을 수학했다.

1940년 첫 수의축산과 졸업생은 조선인은 4명, 일본인은 15명으로 조선인은 상대적으로 매우 적었다. 수원고등농림학교에서는 1937년부터 1946년 입학생까지 총 92명의 한국인 졸업생을 배출했다. 해방 후 수원고등농림학교가 서울대학교 농과대학으로 통합되었으나 수의축산과는 유지되었다. 1947년 수의학과가 분리되면서 드디어 첫 입학식을 가졌다. 5년제 중학교를 졸업한 학생으로 정규 입학시험을 거쳐 선발된 30명의 신입생과 수원농림전문학교(수원고등농림학교가 1944년 수원농림전문학교로 개편되었다) 및 외부대학 출신 편입생 8명을 포함 38명이 첫 학생이었다.

한편, 수의사면허제가 도입된 것은 1937년 조선총독부령 제132호 '조선수의사규칙'에 의해서이다. 관립, 공립실업학교나 총독이 그와 동등 또는 그 이상이라고 인정한 실업학교에서 수의학을 이수하고 졸업한 자는 수의사면허증을 받을 수 있었는데 이는 조선에서만 사용할 수 있는 한지 면허였다. 경과규정으로 당시 이미 가축진료업무에 종사하고 있던 사람들에게도 본인의 신청이 있을 경우 면허증을 교부하여 7년의 기한을 두고 그 업무를 지속할 수 있도록 해 주었다. 수의사 국가고시가 정식으로 도입된 것은 그로부터 몇 년 후인 1941년이다. 조선총독부령 제170호(조선수의사규칙)를 개정해 수의사 시험에 합격한 자에게도 면허부여 대상으로 추가했다. 당시 면허시험은 학술시험 12과목(가축해부학, 가축생리학, 가축병리학가축병리해부학 포함, 가축약물학, 가축세균학 및 면역학, 가축내과학가축전염병학 포함, 가축외과학, 가축산과학, 수의경찰학가축위생학포함, 축산학축산제조학, 가축사양학, 장제학제병학포함)과 실기시험 3과목(내과임상, 외과임상, 외과수술학)으로 구성되었다. 또한 한 해에 모든 시험을 치르는 것이 아니라 과목별 분할하여 시험을 볼 수 있었고 그 학과목의 합격은 3년간 유효했다.

3) 수의과 대학, 수의학 발전의 중심

군마수의사나 장제공들이 중심이었던 초기 수의학교 졸업생들은 점차 진정한 의미의 '수의사'로서 그 자리를 찾게 된다. 이는 수의학 전체에 해부학과 질병에 대한 이해, 실험적인 지식의 추가로 이루어진 일이다. 각 지역별로 수의학교육에 특색을 나타내기도 한다. 그 한 예로 상대적으로 농업과 목축이 중요했고 우역으로 많은 피해를 보았던 이탈리아에서는 초기 수의학교에서 말뿐만 아니라 소의 질병에 더 관심을 가지고 있었다. 이는 공중보건적인 측면에서 이미 가축의 질병에 관심을 보였던 란치시를 비롯한 의학자들의 전통을 이은 것이기도 하다. 19세기로 들어오면서 수의사들의 관심 분야가 점점 확대되어 간 것은 물론이고 각국의 대표하는 수의학 저널들도 출판되기 시작했다. 영국 최초의 수의학 저널인 'The veterinarians'에서 1841년 고양이의 질병에 대한 논문을 처음으로 실었다. 수의과대학의 커리큘럼에 전염병과 함께 식육위생 항목이 포함되었다. 국가의 지원을 받았던 유럽의 수의학교들은 생물학과 의학 분야의 연구에 가담했다.

수의해부학은 르네상스로부터의 오랜 전통을 기반으로 하기 때문에, 수의과대학 초기 거의 유일하게 과학적으로 그 지위가 성립된 분야였다. 초기부터 학생들의 교육을 위해 다양한 교재들이 출판되었다. 프랑스 파리 수의학교의 교수였던 라포스(Philippe-Etienne Lafosse, 1738~1820)는 장제사의 아들로 스스로도 장제사였으며 후에 의학을 공부하고 수의학교에서 교편을 잡은 수의과대학 초기의 선각자다. 그가 쓴 'Cours d'hippiatrique, ou traité complet de la médicine des chevaux(Veterinary studies, or complete treatise on equine medicine, 1772)'은 매우 체계적인 말 해부학 교재였다. 말을 중심으로 이루어지던 해부학 교육은 이후 소와 양, 돼지 등 산업동물과 반려동물인 개로 확장된다. 1882년 처음 출간된 가축 '비교해부학 핸드북(Handbuch der vergleichenden Anatomie der Haus-Säugethiere, Ernst Friedrich Gurlt)'과 1891년 출간된 최초의 반추동물 해부학 서적인 '가축 해부학(Lehrbuch der Anatomie der Haustiere, Paul Martin)'등이 이 흐름을 담고 있다. 해부학의 발전을 바탕으로 생리학 분야에서도 1900년대 초기 수의과대학들은 각자의 특성을 살려 다양한 연구를 진행했는데 특히 이 시기 반추류의 소화생리에 대한 연구가 많이 이루어졌다. 맥박과 심박동, 심장 운동에 대한 과학적인 연구를 통해 심장 생리학 발전에 큰 공헌을 했던 리옹 수의학교의 쇼보(Auguste Chauveau, 1827~1917)와 그의 제자로 신경계 연구(감각신경과 말과 개에서 대뇌피질의 운동 영역에 대한 연구)자인 알랑(Saturnin Arloing, 1846~1911)이 이 시기 대표적인 수의생리학자이다.

19세기 말 면역학자이자 병리학자인 비르코프(Rudolf Ludwig Karl Virchow, 1821~1902)는 동물과 인간에 있어 순환계 이상, 염증, 신생물 생성 등 병리학 진행과정이 다르지 않음을 보여주었다. 그는 동물 병리학에 특별한 관심을 가지고 염증 부위에서 백혈구의 증가, 동물에서의 신생물 연구, 비저의 병리학적 병변 등에 대한 연구들을 진행했다. 이런 그의 연구는 당시 최신 학문이었던 미생물학과 면역학 연구에도 큰 영향을 미쳤다. 미생물학, 전염병학 연구자들은 대부분 동물을 대상으로 활발한 실험을 진행했고, 초기에 그 관심의 대상에 오른 질병들도 광견병, 탄저, 결핵 등 인수공통전염병이 많았다. 그중에서 특히 수의사들에 의한 노력을 살펴보면, 우선 영국에서 우결핵을 퇴치하기 위해 투베르쿨린 시험법을 적용했던 맥파던(John MacFadyean, 1853~1941), 소의 결핵과 부루셀라병 퇴치에 앞장섰던 덴마크 왕립수의학교의 뱅(Bernhard Lauritz Frederik Bang, 1848~1932), 부다페스트 수의학교에서 공중보건학 연구에 힘썼던 후티라(Ferenc Hutÿra, 1860~1934)와 그의 제자 마렉(Jozsef Marek, 1868~1952) 등의 연구를 들 수 있다.

이미 인도의 전통 수의학에서 살펴본 바와 같이 수의외과학의 전통은 매우 오랜 것이다. 외과학은 수의과대학의 시작을 교두보로 외상치료나 말굽치료, 출산 보조 등의 단순한 기술 위주의 치료에서 벗어나 그 발전을 거듭하게 된다. 그 발전의 원동력이 된 것은 마취의 발달, 소독약 개발 그리고 X선의 발견이다. 몇 번의 동물실험 끝에 1846년 미국 보스턴에서 치과의사인 그린 모튼(Green Mortom, 1819~1864)이 에테르를 써서 사람에서 마취에 성공을 한다. 그러나 마취가 수의학에 바로 적용된 것은 아니다. 그 이후 다양한 시도를 거쳐 19세기 말에는 클로로포름과 클로랄하이드레이트(Chloral hydrate) 등을 이용한 마취 기법이 수의학에 적용되기에 이르렀으며 그 이후, 국소마취를 위한 코카인(coccain)의 사용은 물론, 소, 말, 개를 대상으로 한 침윤마취, 척수마취, 경막외 마취법이 꾸준히 개발되었다. 소동물에서 초기에 흔히 쓰이던 마취약은 에테르와 클로로포름이다. 1920년대 바르비투르산(Barbituric acid)이가 개발되면서 이 분야의 마취법 적용이 활발해졌는데 특히 1930년대 펜토바르비탈 소듐(Phentobarbital Sodium)이 그 범위를 확대시켰다고 할 수 있다.

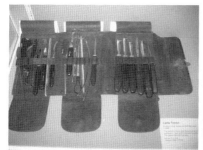 

그림 26 19세기 후반 수의외과 도구들(영국 Science museum, 천명선)

진단 및 정형외과학에 있어서 X선의 발견(1895)은 혁명적인 발전을 가져왔고 수의학에도 매우 급속도로 적용되었다. 누가 가장 먼저 동물을 X선 촬영했는지는 알려져 있지 않다. 하지만 1896년 벌써 베를린의 군수의학교 군마의관이었던 트뢰스터(C. Troester)가 남긴 기록을 통해 그 시기를 짐작해 볼 수 있다.

"뢴트겐선의 발견에 대한 내용을 신문에서 접하고 진공관을 상점에서 구하자마자 나는 3개월 된 말의 태아 사진을 찍어 보았다."

동물에서 X선 사진을 찍는 것은 쉽지가 않다. 동물은 가만히 있지 않고 계속 움직이며 그 덩치도 사람보다 매우 크거나 혹은 매우 작아 다양하고, 해부학적 구조 역시 동물마다 다르기 때문에 일단 비용이 많이 드는 작업이다. 1898년 에버라인이란 수의사가 살아 있는 말에서 30초 이내의 노출 시간으로 사지 뢴트겐 사진을 찍는 데 성공했다. 1907년에는 드레스덴 수의과대학의 소동물 클리닉 원장 게오르그 뮐러(Georg Müller, 1851~1923)가 위장관계 음영조영술을 도입했다.

세계 제2차대전 이후에는 이미 상당한 수준에 올라서서 대동물의 척추사진을 찍는 데에도 성공했다. 우리나라 수의과대학 커리큘럼을

그림 27 60년대 서울대 수의과대학의 방사선 실습(J. P. Arnold, 1961)

보면, 1944년 수원농림학교에서는 따로 방사선학을 배우지 않았지만 1964년도에는 방사선 진단 및 실습이 포함되어 있다. 아마 이 이전에 이미 방사선학 교육은 시작되었을 것이다.

초기 수의학교 입학자 중에 약사(대표적인 인물이 덴마크에 수의학교를 세운 아빌드가르트)들이 있었음에도 불구하고 마취약을 제외하고 수의학 교육과 연구에서 수의약리학의 발달은 비교적 뒤늦게 이루어진 편이다. 전통적으로 내려오던 약물학(*materia medica*)이 오랫동안 그 지위를 유지하고 있었다. 그러나 수의사와 수의학교 학생들은 '수의사를 위한 실용약물학(Praktische Arzneimittellehre für Tierärzte, Carl Heinrich Hertwig, 1833)'과 같은 우수한 약리학 핸드북을 비롯해 프랑스, 독일, 영국 등에서 출간된 약물학 교재를 다양하게 이용할 수 있었다. 1899년 출간되어 7개 국어로 번역된 '수의약리학(Lehrbuch der Thierärztlichen Arzneimittellehre, Eugen Fröhner)'이 완성될 당시에는 이미 약물학을 넘어 약리학으로서의 기틀이 마련되었다고 볼 수 있겠지만, 과학적인 약리학 지식을 바탕으로 한 최초의 수의약리학 책이라고 평가되는 '수의약리학(Veterinary Pharmacology and Therapeutics, L. Meyer Jones)'이 출간된 것은 1954년에 이르러서이다.

그림 28 19세기 후반 수의사의 약물 정리함과 약물 투여 기구
(영국 Science museum, 천명선)

근세에도 사냥개와 매에 대한 치료법이 귀족들과 직업 사냥꾼들에게 중요하게 생각되기는 했지만 소동물 임상은 초기 수의학교에서 교육을 받은 수의사들에게조차도 관심의 대상이 되지 못했다. 19세기에 이르러서야 비로소 소동물에 대한 수의학적 관심이 증가하게 되었다. 우수한 사냥개 양육의 전통을 지켜온 영국에서 이 흐름이 처음 시작되었다. 수의사들의 관심을 끌었던 개의 질병은 외상, 골절, 호흡기 및 소화기 질병, 생식기 질병 그리고 기생충성 질병 등이다. 전염성 질병으로는 광견병과 결핵, 개 디스템퍼가 중요시되었다. 1817년에 영국에서 출판된 '개의 병리학(Canine pathology, Delabere Blaine, 1768~1848)', 1853년 독일 헤르트비히(C. H. Hertwig, 1798~1881)의 '개의 질병과 치료(Die Krankheiten der Hunde und deren Heilung)'이 널리 읽혔던 초기 교재이다. 이로부터 약 100년 동안 소동물 임상은 눈부신 발전을 거듭한다. 각 대학에 소동물 전문 병원이 설립되고 안과, 정형외과를 비롯한 다양한 수술이 시도되었다. 다

른 관련 분야의 발달에 힘입어 백신을 이용한 전염병 치료와 기생충 및 피부질환 치료 역시 그 범위를 넓혀 나갔다.

4) 수의사 단체 설립과 수의학의 새로운 과제

수의학에서 소와 말 등 전통적인 대동물 외에, 소동물과 희귀동물, 야생동물까지 치료 동물의 스펙트럼이 넓어진 것은 물론이거니와, 인수공통전염병, 식품위생, 환경위생, 실험동물, 생명공학 등 그 업무도 매우 전문화되고 다양해졌다. 이와 더불어 내부적으로 수의과대학의 교육의 질과 배출되는 수의사의 능력을 검증하고 수의사의 사회적 지위와 역할을 규명하는 문제가 수의사들 스스로에게 맡겨졌다. 영국의 RCVS(Royal College of Veterinary Surgeons, 1844)나 미국의 AVMA(American Veterinary Medical Association, 1863)를 비롯한 각 국의 수의사단체들이 이런 목적으로 설립된다.

1900년대 초 조선에는 전통 수의술로 가축을 다루던 '우의(牛醫)'가 있기는 했지만, 근대식 교육을 받은 조선인 수의사는 수의속성과를 졸업한 20명이 전부였던 셈이다. 그러나 조선에 머무르는 일본 수의사들의 수는 상당히 많은 편이어서 각 도, 군의 공무원으로 도축검사원으로 일했으며 동물병원을 개업한 자도 8명이나 되었다. 이들이 주축이 되어 1907년 '대한수의회'가 창립된다. 비록 우리 수의사들을 위한 수의사 단체는 아니지만, 이것이 우리나라 최초의 수의사 단체이다. 대한수의회는 수역 예방과 축산보호를 주요사업으로 삼았다. 또한 1920년에는 '제국군용견협회 조선지부'가 1936년에는 '조선수의축산학회'가 결성되었다. 일제 강점기와 한국전쟁의 혼란을 이겨내고 대한수의사회가 결성된 것은 1952년으로 1953년 1월 '한국수의'지가 창간되었다.

1863년 유럽을 중심으로 세계수의사회(World Veterinary Association)가 설립되었다. 당시의 화제는 물론, 우역과 탄저, 구제역 등 가축 전염병에 대한 해결책 마련이었다. 또한 1924년에는 국제수역사무국(Office International des Epizooties)이 조직되었다. 수의학의 학문적인 성숙은 이후에도 수의학 전문 학술잡지와 국내외 학회들의 설립으로 이어졌다. 전문인으로서의 수의사의 지위도 눈에 띄게 향상되었다. 그러나 현대 수의학에서 동물 복지와 수의사의 윤리, 노령 반려동물의 질병, 공중보건, 생명공학 연구, 야생동물의 치료와 보호 등 새로운 도전과제는 끊임없이 생겨나고 있으며, 수의사들은 앞으로 더 큰 과제들을 직면하게 될 것이다.

References

종 합

- von den Driesch, J. Peters: Geschichte der Tiermedizin, 2003, Schattauer, Stuttgart
- R. H. Dunlop, D. J. Williams: Veterinary Medicine, An Illustrated History, 1996, Mosby, St. Louis
- D. Karasszon: A Concise History of Veterinary Medicine, 1988, Akademiai Kiado, Budapest

동물의 가축화-인간 동물을 만나다

- S. Davis: The Archaeology of Animals, 1995, B.T. Batsford Ltd, London
- S. J. M. Davis, F. R. Valla: Evidence for domestication of the dog 12,000 years ago in the Natufian of Israel. Nature, 1978, 276, p608~610
- "From Wolf to woof" National Geographic Magazine. Jan. 2002.
- "Dig discovery is oldest 'pet cat'" BBC News Online science. 8. April. 2004
- "한반도서 6천년 전에도 개 사육했다" 연합뉴스. 2008. 3. 3

-F. L. L.Griffith: The Petrie Papyri: Hieratic Papyri from Kahun and Gurob(principally of the Middle Kingdom) Text. 1898, London Bernard Quaritch, London

-R. Margotta: The Hamlyn History of Medicine, 1996, Reed International books Ltd., London

-J. Clutton-Brock: British Museum Book of Cats, ancient and modern., 1994, The Trustees of The British Museum. London

-J. Schaeffer: Abil-ilisu-Ein "Rinderarzt" in Babylonien(um 1739 v.Chr.), Dtsch. Tieraerztl. Wschr. 1999, 106, p252~254

-J. Reade: The British Museum Mesopotamia. 1991, The Trustees of The British Museum. London

-S. Wolpert: An Introduction to India, 1999, University of California Press, Berkley and Los angeles

-D. P. Singhal: Indian and World Civilization., 1969, Michigan State University Press, East Lansing

-하인리히 침머(이숙종 옮김): 인도의 신화와 예술, 2000, 대원사, 서울

-이재담: 의학의 역사, 2000, 출판기획 위드, 서울

-박종운: 고대인도의학의 형성과 체계. 1997, 박사학위논문, 경희대

-R. Somvanshi: Veterinary Medicine and Animal Keeping in Ancient India, Asian Agri-History 2006 10(2), p133~146

-E. Thelen: "Riding through Change: History, Horses and the

Reconstruction of Tradition in Rajasthan",2006, D Space, University of Washington
- 야마다 게이지(전상운, 이성규 옮김): 중국의학은 어떻게 시작되었는가, 2002, 사이언스북스, 서울
- 笹﨑龍雄, 淸水英之助: 中國の獸醫と家畜針灸, 1987, 養賢堂, 東京
- P.U. Unschuld: Forgotten traditions of ancient Chinese medicine. 1990, Paradigm, Brookline
- 강면희: 한국축산수의사연구. 1994, 향문사, 서울
- 수의역사특별위원회: '한국수의학의 역사 특별기고'. 대한수의사회지(2000년~2003년)
- 이시영: 한국마문화발달사, 1991, 한국마사회, 과천

고대에서 중세로 수의학의 발전-전문 서적을 중심으로

- 여인석: 갈레노스의 질병개념, 의사학, 2003, 12(1), p54~65
- D. M. Balme: Aristotle-History of Animals Book VII-X, 1991, Harvard University Press, London
- 정기문: 디오클레티아누스 황제의 최고가격령. 서양사론, 1999. 63. p5~30
- H. Tadjbakhsh: Traditional methods used for controlling animal diseases in Iran, Rev.sci.tech.Off,int.Epiz.1994, 13(2), p599~614
- 신동원: 한국마의학사, 마문화연구총서 VIII. 2004, 한국마사회, 과천

- 이성우(편집): (고본)응골방, 신편집성마의방, 신편우의방. 1990, 아세아문화사, 서울.
- 남도영: 마경언해, 2004, 한국마사회, 과천
- 이시영: 한국마문화발달사, 1991, 한국마사회, 과천
- 신근철: 고전한국마의방전서, 1976, 한국마사회, 과천
- 윤병태: 조선의 마의서, 마사박물관지, 1999, 한국마사회, 과천
- 남치주: 산업동물의 침구요법, 1997, 광일문화사, 서울

중세에서 근대로 수의학의 학문으로서의 발전
- 존 캐리(박정수 등 옮김): 지식의 원전, 2004, 바다출판사, 서울
- U. S. National Library of Medicine: Dream Anatomy (http://www.nlm.nih.gov/exhibition/dreamanatomy)
- 이재담: 의학의 역사, 2000, 출판기획 위드, 서울
- J. Theodorides: Casimir Davaine(1812～1882): a precursor of Pasteur. Med Hist. 1966, 10(2), p155～165.
- T. Brock: Milestones in Microbiology,1961, Prentice-Hall INC., Englewood Cliff

수의과 대학의 성립과 현대 수의학의 발전
- 박전홍: 수의학의 역사, 2002, 마야, 서울
- 대한수의사회: 한국수의50년사, 1998, 대한수의사회
- 中村洋吉: 獸醫學史, 1980, 養賢堂, 東京
- J. P. Arnold: College of Veterinary medicine, Seoul national

University, Final Report and Recommendations. 1961, Seoul national University Cooperative Project(ICA-University of Minesota Contract)]

* 본 서의 그림자료 중 출처가 표시되지 않은 그림은 Wikipedia Public Domain에 속한 그림입니다.

• 저자 •

천명선   •약 력•
1997년 서울대 수의과대학 졸업
1999년 서울대 보건대학원 석사
2003년 뮌헨 Ludwig-Maximilians Universität 수의학 박사
현 서울대 BK21 수의과학연구인력양성사업단 박사후과정 연구원
충북대 수의예과 수의학의 역사 출강
서울대 수의과대학 사료실(史料室) 운영 중

HISTORIA VETERINARIA

근대 수의학의 역사

• 초판 인쇄   2008년 7월 25일
• 초판 발행   2008년 7월 25일

• 지 은 이   천명선
• 펴 낸 이   채종준
• 펴 낸 곳   한국학술정보㈜
　　　　　　경기도 파주시 교하읍 문발리 513-5
　　　　　　파주출판문화정보산업단지
　　　　　　전화 031) 908-3181(대표) · 팩스 031) 908-3189
　　　　　　홈페이지 http://www.kstudy.com
　　　　　　e-mail(출판사업부) publish@kstudy.com
• 등   록   제일산-115호(2000. 6. 19)
• 가   격   9,000원

ISBN   978-89-534-9813-6 93520 (Paper Book)
　　　　 978-89-534-9814-3 98520 (e-Book)